LES
INSECTES NUISIBLES

AUX ARBRES FRUITIERS

AUX PLANTES POTAGÈRES, INDUSTRIELLES ET ÉCONOMIQUES

AUX CÉRÉALES

ET AUX PLANTES FOURRAGÈRES

PAR

CH. GOUREAU

Colonel du Génie en retraite, Officier de la Légion d'honneur,
Membre de la Société entomologique de France et de la Société des Sciences
historiques et naturelles de l'Yonne.

3ᵐᵉ SUPPLÉMENT

PARIS
VICTOR MASSON ET FILS
PLACE DE L'ÉCOLE DE MÉDECINE

M DCCC LXV.

ENTOMOLOGIE APPLIQUÉE.

INSECTES NUISIBLES.

(Extrait du Buletin de la Société des Sciences historiques et naturelles de l'Yonne,
1er trimestre 1865.)

AUXERRE, IMPRIMERIE DE G. PERRIQUET.

LES

INSECTES NUISIBLES

AUX ARBRES FRUITIERS

AUX PLANTES POTAGÈRES, INDUSTRIELLES ET ÉCONOMIQUES

AUX CÉRÉALES

ET AUX PLANTES FOURRAGÈRES

PAR

CH. GOUREAU

Colonel du Génie en retraite, Officier de la Légion d'honneur,
Membre de la Société entomologique de France et de la Société des Sciences
historiques et naturelles de l'Yonne.

2me SUPPLÉMENT.

PARIS

VICTOR MASSON ET FILS

PLACE DE L'ÉCOLE DE MÉDECINE.

M DCCC LXV.

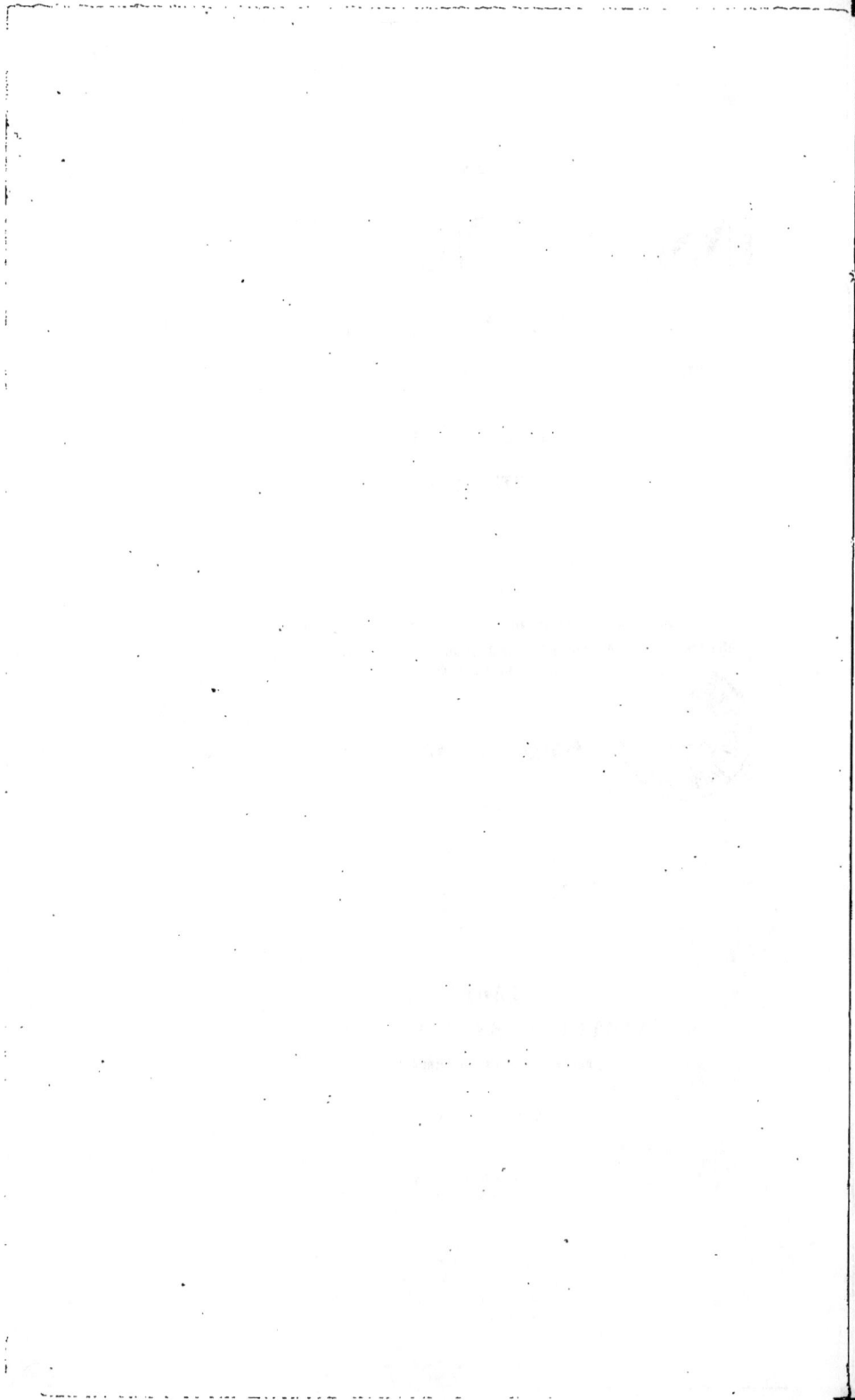

PRÉFACE.

En présentant à la Société des Sciences historiques et naturelles de l'Yonne un second supplément au traité des *Insectes nuisibles aux arbres fruitiers, aux plantes potagères, aux céréales et aux plantes fourragères*, je dois m'excuser, auprès d'elle, de revenir aussi souvent sur un sujet qu'elle pourrait croire épuisé, en faisant remarquer que le nombre des insectes est immense et qu'il existe un grand nombre de ces petits animaux qui sont regardés comme innocents parce qu'on ne connaît pas leur manière de vivre; mais à mesure qu'on les étudie de plus près, qu'on acquiert des notions précises sur leurs mœurs, on reconnaît qu'ils portent préjudice à l'homme en gâtant ou en détruisant des végétaux ou des fruits qu'il cultive pour son usage.

M. le docteur Aubé, dont la science et la bienveillance sont connues de tous les entomologistes, a eu l'obligeance de me communiquer plusieurs faits importants dont j'ai fait usage dans le premier supplément et dont quelques-uns trouveront place dans le second. M. E. Perris, qui habite Mont-de-Marsan (Landes), dont les travaux font le plus grand honneur à l'entomologie française et dont le talent d'observation ne peut être dépassé, a eu la complaisance de me signaler plusieurs insectes nuisibles au maïs cultivé en grand dans le midi de la France et que je n'ai pu étudier moi-même, parce que cette plante est inconnue dans la partie de la Bourgogne que j'habite. Ces diverses communications, jointes aux observations qui me sont propres et aux recherches que j'ai faites dans les ouvrages d'entomologie, m'ont engagé à rédiger ce second supplément comprenant de nouveaux insectes nuisibles, c'est-à-dire, qui ne sont pas mentionnés dans les publications précédentes. J'y ai ajouté des observations faites en 1863, pour compléter l'histoire de quelques espèces décrites dans le premier supplément.

On remarquera facilement que les nombreux articles que j'ai empruntés au grand ouvrage de Godart et Duponchel sur les Lépidoptères de France sont très incomplets sous le point de vue de l'entomologie appliquée. Ces auteurs ont eu pour but la classification, la nomenclature et la description de ces insectes, sans se préoccuper beaucoup du rôle que chacun d'eux joue dans la nature, et je n'ai pu suppléer par moi-même à ce qui manque dans l'histoire de ceux que j'ai mentionnés, parce que je n'ai pas eu l'occasion de les observer et de constater l'étendue des dégâts qu'ils peuvent produire. Il est à désirer que les entomologistes qui sont à même de remplir ces lacunes veuillent bien publier leurs travaux et contribuer ainsi au progrès de la science.

La division que j'ai adoptée en *arbres fruitiers, plantes potagères, céréales et plantes fourragères*, pour distribuer les insectes nuisibles à l'agriculture, n'admet pas naturellement le chanvre, le houblon, la truffe, etc., qui sont des plantes industrielles ou économiques; c'est ce qui m'a engagé à modifier un peu le titre du second supplément et à lui donner plus de généralité, de manière à comprendre ces derniers végétaux.

Santigny, août 1864.

PREMIÈRE PARTIE.

INSECTES NUISIBLES AUX ARBRES FRUITIERS.

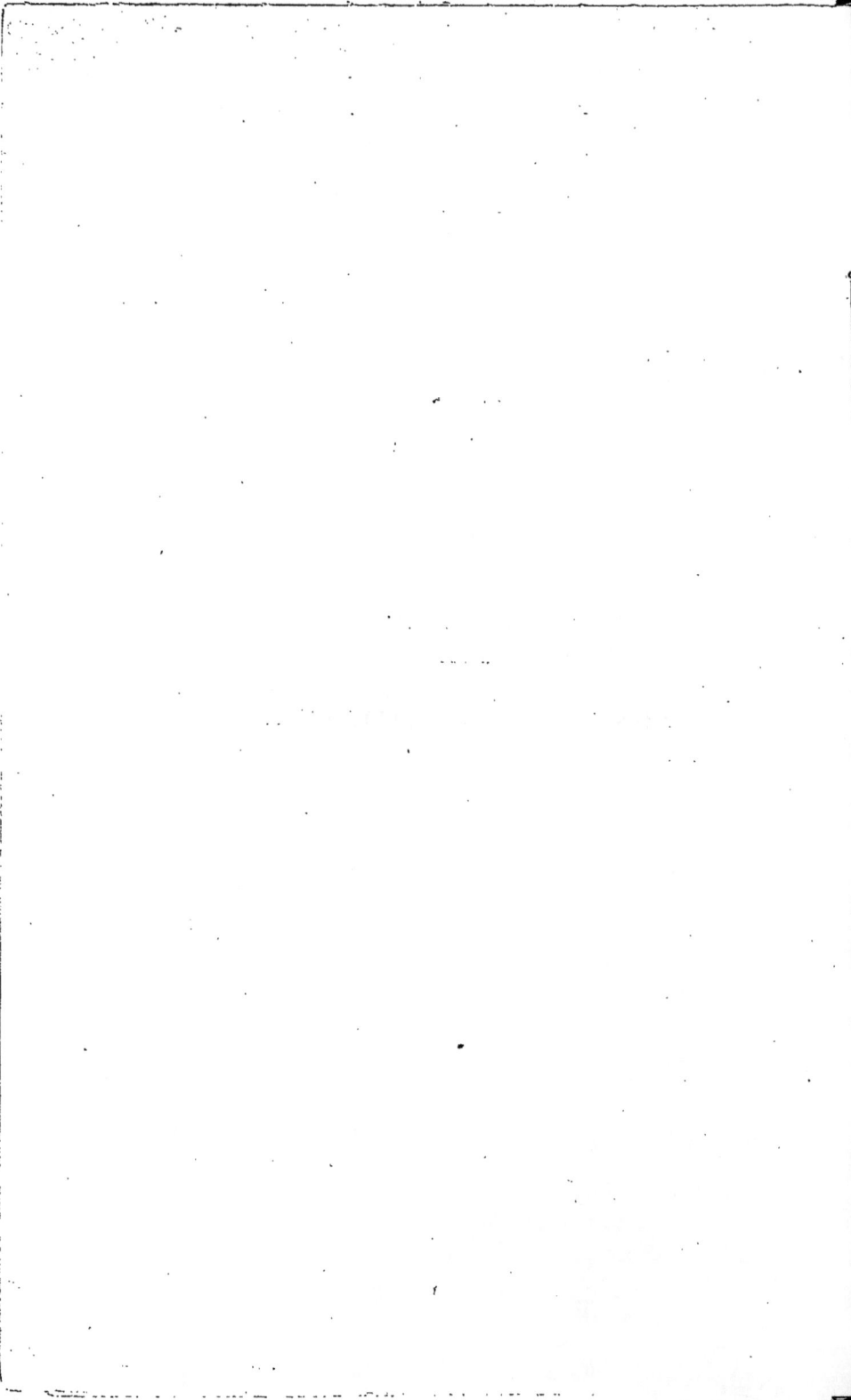

INSECTES NUISIBLES.

PREMIÈRE PARTIE.

INSECTES NUISIBLES AUX ARBRES FRUITIERS.

1. — LE RONGEUR DU MURIER.

(*Hypoborus mori*, Aubé.)

Le Rongeur du mûrier est un très petit coléoptère qui ressemble beaucoup au Rongeur du figuier dont l'histoire est exposée dans le supplément aux *Insectes nuisibles*, etc., et qui n'est pas moins funeste aux mûriers languissants que ce dernier ne l'est aux figuiers faibles ou malades. Ces deux insectes ont la même manière de vivre et l'histoire de l'un est celle de l'autre, comme j'ai pu m'en convaincre en examinant des morceaux de branches sèches de mûrier qui m'ont été remises par M. le Dr Aubé à la fin du mois de novembre 1863. Ces branches, de la grosseur du doigt, avaient été prises sur un mûrier de la Provence attaqué par ce petit rongeur. L'écorce était percée d'une multitude de très petits trous ronds, par lesquels était sortie, au mois d'août précédent, la génération qui avait vécu dans ces branches et dont une partie y était rentrée pour vivre et pour hiverner. En dépouillant les branches de leur écorce j'y ai trouvé ces insectes et j'ai aperçu les galeries de ponte creusées sous l'écorce par les femelles pour y déposer leurs œufs. Ces galeries sont des petits canaux imprimés dans l'aubier perpendiculairement aux fibres et d'une étendue égale au 1/3 ou au 1/4 de la circonférence de la branche. Les œufs déposés à la file dans ces galeries transversales donnent naissance à des larves d'une extrême petitesse qui marchent sous l'écorce dans la direction des fibres, pratiquant des galeries proportionnées à leur taille, parallèles entr'elles et à peu près droites. Lorsque ces larves ont acquis toute leur croissance, elles se creusent chacune une petite cellule à l'extrémité de leur galerie; c'est alors là qu'elles se changent en chrysalides, puis ensuite en insectes parfaits. Ces derniers percent l'écorce qui les couvre, se mettent en liberté et se répandent aux alentours. Peu de temps après, une grande partie de cette génération rentre dans les branches d'où elle est sortie, y creuse des galeries longitudinales sous l'écorce, et ronge le bois pour se nourrir et se créer un abri contre l'hiver, attendant le retour de la belle saison pour propager son espèce.

Ce rongeur fait partie de la famille des Xylophages et du genre *Hypoborus*. Son nom entomologique est *Hypoborus mori*, Aubé, et son nom vulgaire *Rongeur du mûrier*.

1. *Hypoborus mori*, Aubé. — Longueur, 1 1/4 mil. Il est ovale et noirâtre; la tête est noire, rentrée dans le corselet; celui-ci est noir, rétréci en devant, arrondi sur les côtés, convexe en dessus, sinué en arrière. Les élytres sont d'un brun noirâtre, de la largeur du corselet, deux fois aussi longues, arrondies en arrière; couvertes de poils courts, jaunâtres, rangés en lignes longitudinales, paraissant former des faisceaux; le corselet porte des lignes de semblables poils: le dessous est noir; les pattes et les antennes sont jaunâtres; les premières sont comprimées et les cuisses postérieures sont noires; les secondes ont le premier article long, terminé en massue; leur extrémité est aussi terminée en massue.

Les poils qui recouvrent l'insecte paraissent sortir de points enfoncés sur le corselet et de côtes très peu saillantes sur les élytres.

Les mûriers étant dépouillés tous les ans de leurs feuilles pour la nourriture des vers à soie (*Bombyx mori*, Lin.), souffrent beaucoup de cette opération. On est obligé de couper leurs branches et de les tailler très court pour qu'ils produisent du jeune bois et des feuilles, sans quoi ils périraient bientôt. On fait cette opération

tous les deux ans. Le rongeur se porte sur les branches qu'on a
négligé de couper et qui sont languissantes. Il n'attaque pas les
mûriers vigoureux qui croissent dans un bon terrain et qui ne subissent pas l'opération de la défoliation.

—

2. — LA SAUTERELLE PORTE-SELLE.

(*Ephippiger vitium*, Lat.)

La Sauterelle Porte-Selle est connue dans le Languedoc sous les
noms de *Grillé-vert*, *Gros-gril*. Elle est redoutée des agriculteurs à
cause des ravages qu'elle produit dans les jardins, les champs et les
vignes. On l'accuse encore d'occasionner la rupture des branches
des mûriers grosses de deux centimètres et au-dessous.

Quand les blés sont coupés et emportés à l'aire pour être dépi-
qués, la Sauterelle Porte-Selle monte sur les mûriers qui bordent
les terres. Ce n'est pas pour manger les feuilles, mais pour ronger
l'écorce des plus beaux jets près du tronc; elle la coupe, l'enlève
tout autour en forme de section annulaire et en fait couler une
sève abondante. Cette incision, qui pénètre quelquefois les premières couches du bois, a de 5 à 10 mil. de large; elle n'est pas
nette, mais déchiquetée sur les bords, ce qui, avec la chaleur de
la saison, empêche la plaie de se cicatriser. Des coups de vent ba-
lançant vivement les branches chargées de feuilles et entaillées à
leur base les tordent et les cassent. On doit les enlever avec la
serpette en les coupant proprement au-dessous de la blessure faite
par la Sauterelle.

On trouve la Sauterelle Porte-Selle à Paris et à Santigny, mais en
petit nombre. Elle se tient particulièrement dans les vignes et on
ne s'aperçoit pas qu'elle y cause de dégâts sensibles.

Cet insecte fait partie de l'ordre des Orthoptères, de la famille
des Sauteurs, de la tribu des Locustiens et du genre *Ephippiger*.
Son nom entomologique est *Ephippiger vitium* et son nom vulgaire *Sauterelle Porte-Selle*.

2. *Ephippiger vitium*, Lat.— Longueur, 30 mil. Elle est verdâtre. Les antennes sont très longues et très menues, d'un brun-clair; la tête est d'un vert-pâle en devant, d'un brun-gris postérieurement; les yeux sont ronds, très saillants; les palpes maxillaires sont longs avec leur dernier article tronqué au bout; le corselet est grand; il emboite le derrière de la tête, est enfoncé au milieu et fort relevé en arrière pour recouvrir la majeure partie des élytres; sa surface est rugueuse, sa couleur brun-clair mêlé de gris-verdâtre et de jaunâtre; les bords latéraux sont sinués et le bord postérieur est arrondi; les élytres très courtes, arrondies, voûtées, épaisses, ridées et croisées, sont reçues en majeure partie sous le renflement postérieur du corselet; les ailes manquent; l'abdomen est d'un vert-jaunâtre en dessous, noirâtre en dessus, avec le bord postérieur des anneaux vert; les pattes sont d'un brun-rougeâtre-clair; les postérieures sont très-longues. La tarière de la femelle est presque droite, de la longueur de l'abdomen.

Cet insecte fait entendre une stridulation bruyante en frottant ses élytres l'une sur l'autre, et c'est pour faciliter leur mouvement que le corselet est relevé dans sa partie postérieure. Les élytres sont ici, à proprement parler, des cymbales sonores que l'insecte frotte l'une contre l'autre pour en tirer des sons. Chez les sauterelles et les criquets de la France les mâles seuls jouissent de la propriété de striduler, et leurs élytres sont organisées de manière à produire des vibrations sonores par leur frottement. Dans le genre *Ephippiger* les femelles sont douées du même avantage et sont aussi bruyantes que les mâles.

Les femelles déposent leurs œufs dans la terre qu'elles percent avec leur longue tarière et qu'elles enfoncent aussi profondément que le permet la dimension de cet instrument. C'est en automne que se fait la ponte, parce que c'est dans cette saison que l'insecte devient adulte. Les œufs éclosent à la fin du printemps suivant et les jeunes sauterelles croissent pendant l'été. En venant au monde elles ont la même forme que les pères et mères, sauf les élytres qu'elles ne possèdent pas. Elles changent plusieurs fois de peau en grandissant. A l'avant dernière mue elles acquièrent des rudiments d'élytres et passent à l'état de nymphe, état pendant lequel elles continuent à courir et à manger. Enfin par un dernier changement de peau elles deviennent adultes et propres à propager leur espèce. Ces insectes vivent isolément et se tiennent sur les arbustes, les buissons et les plantes dont elles dévorent les feuilles, tout en faisant entendre leur chant; on en voit souvent plusieurs réunies sur le même arbuste exécutant un concert de leur façon. Lorsqu'on veut les saisir elles s'élancent pour échapper à la main, et font de grands sauts à l'aide de leurs longues cuisses postérieures.

On ne connaît aucun autre moyen de les détruire, si ce n'est de leur faire la chasse. Lorsqu'elles se portent sur les mûriers on secoue fortement cet arbre, s'il est jeune et flexible, ou bien on agite ses branches les unes après les autres dans le cas contraire, ce qui fait tomber les sauterelles, surtout si l'on exécute cette opération dès le matin, et on écrase ces insectes avec le pied.

--

5. — LE CIMBEX HUMÉRAL.

(*Cimbex humeralis*, Saint-F.)

Le Cimbex huméral ou Cimbex à épaulettes mérite d'être mis au nombre des insectes nuisibles aux arbres fruitiers, parce que sa larve est grosse, vorace et se nourrit des feuilles du poirier et du cerisier. On la trouve dans les jardins pendant les mois de juin et de juillet où on peut facilement la confondre avec une chenille rase, car elle en a la forme générale ; mais si on la regarde avec attention on voit bientôt qu'elle a la tête uniformément arrondie et non lobée comme les véritables chenilles, et qu'elle est pourvue de vingt pattes, tandisque ces dernières n'en ont jamais plus de seize. La grande ressemblance de ces sortes de larves avec les chenilles leur a fait donner par Réaumur le nom de fausses chenilles. Celle dont il est ici question ronge les feuilles de poirier en y faisant des échancrures plus ou moins profondes qui font disparaître la moitié ou les deux tiers de la feuille. Elle saisit le bord ou la tranche de celle-ci entre ses pattes, et mange le bord qu'elle tient entre ses mandibules et ses mâchoires en donnant de continuels coups de dents qui ont bientôt produit une échancrure très-profonde. Quelquefois elle se repose, se roule en spirale et place sa tête au bout extérieur. Cette attitude lui est facile et naturelle, parce que chacun de ses segments est formé de plusieurs anneaux. Lorsqu'on la saisit avec les doigts on s'aperçoit qu'elle lance un liquide limpide, clair comme de l'eau, un peu coloré en vert, qui sort des côtés de son corps. Ce liquide est probablement un moyen défensif que la nature lui a donné contre ses ennemis, mais qui n'est nullement nuisible à l'homme.

Cette larve parvient à toute sa croissance dans la 2e quinzaine de juillet. Elle a alors 30 à 35 mil. de longueur, selon son extension, sur 5 mil. de diamètre. Elle est cylindrique, d'un blanc légèrement bleuâtre. La tête est ronde, unie, d'un blanc faiblement rosé; on y voit deux gros points noirs oculaires et deux petits points noirs antennaires; les mandibules sont noires à la base, blanches à l'extrémité; le labre et les mâchoires sont blanchâtres; le corps présente une ligne dorsale de vingt-quatre taches noires et rondes et une bande de taches noires transversales s'étendant d'un bout à l'autre de chaque côté, coupée par douze taches jaunes; les stigmates sont marqués par neuf points noirs de chaque côté; les pattes sont au nombre de vingt, dont les six écailleuses sont un peu tachées de noir à l'extrémité.

Dès qu'elle n'a plus à croître, la larve va chercher un emplacement convenable à sa transformation, entre des feuilles, contre une branche. Elle y file un cocon ovale de soie jaunâtre, d'un tissu assez grossier à l'extérieur, long de 20 mil. sur 8 à 9 mil. de diamètre, arrondi aux deux bouts, où elle se tient engourdie pendant le reste de l'été, l'automne et l'hiver et se transforme en chrysalide au printemps.

L'insecte parfait perce le cocon et sort de son berceau vers le 9 mai. Il se classe dans la famille des Hyménoptères Porte-Scie, dans la tribu des Tenthrédines et dans le genre *Cimbex*. Son nom entomologique est *Cimbex humeralis* et son nom vulgaire *Cimbex huméral*.

3. *Cimbex humeralis*, Saint-F. — Long. 20 mil. Les antennes sont jaunes, composées de sept articles ; les deux premiers courts, rougeâtres ; le 3e long, fauve à la base ; les suivants jaunes ; les 6e et 7e réunis, formant la massue. La tête est d'un brun-noirâtre, avec la face jaune ; les mandibules sont tridentées ; les yeux et les stemmates noirs ; le corselet est, à sa face supérieure, d'un brun-noir un peu bronzé, ayant deux grandes taches jaunes triangulaires en avant des ailes ; l'écusson est d'un brun-fauve ; le métathorax porte deux taches jaunes au-dessous de l'écusson, une de chaque côté ; la poitrine est noire, avec une grande tache d'un brun-fauve de chaque côté du mésothorax et l'abdomen ovalaire est deux fois aussi long que la tête et le thorax ; le 1er segment est noir et porte une tache jaune, transverse en dessus ; le 3e est de la même couleur ; les autres sont jaunes et présentent une tache dorsale noire triangulaire ; le dessous est jaune. Les pattes sont fauves, avec une raie longitudinale noire sur les cuisses. Les ailes dépassent l'abdomen et sont transparentes ; les supérieures sont rousses le long de la côte et noirâtres à l'extrémité ; les nervures sont également rousses ; elles sont pourvues de deux cellules radiales et de trois cellules cubitales, la première recevant les deux nervures récurrentes ; la tête et le thorax sont velus.

On ne connaît pas d'autre moyen de détruire cet insecte que de faire la recherche de sa larve. Ses parasites sont inconnus.

—

4. — LE PAPILLON GAZÉ.
(*Pieris cratægi*, Lat.)

La Chenille du Papillon gazé vit en famille sur l'aubépine (*cratægus oxyacantha*), le prunier, le poirier, le pommier, le cerisier, l'amandier, dont elle dévore les feuilles. Dans certaines années elle se multiplie extraordinairement et devient un véritable fléau dans les jardins fruitiers et les vergers. Elle est plus commune dans le midi de la France que dans le nord et le centre, ou du moins, c'est dans cette contrée qu'on a le plus à s'en plaindre. On a remarqué que, si elle dépouille les amandiers de leurs feuilles, deux années de suite, ces arbres meurent.

Cette chenille se montre dès les premiers jours de mai. On la trouve en petites familles réunies dans un nid de soie ovale filé en commun au sommet d'une branche. Elles sont jeunes alors, et si on défait le nid, on voit à son centre des feuilles sèches mêlées à des excréments, ce qui indique qu'elles sont nées avant l'hiver, qu'elles ont construit ce nid pour s'y réfugier pendant la saison rigoureuse et qu'elles y ont bravé le froid et les intempéries pour se retrouver pleines de vie au retour du printemps. Elles se répandent alors sur les feuilles voisines et les rongent pour se nourrir. Dans l'intervalle de leurs repas elles aiment à se reposer couchées l'une à côté de l'autre sur ces feuilles. Elles croissent rapidement et arrivent au terme de leur grandeur avant la fin de mai. Leur réveil au printemps arrive au moment où les feuilles des arbres commencent à se développer, où elles sont tendres et très petites, et l'on conçoit facilement tout le ravage qu'elles doivent exercer sur un arbre qui porte cinq ou six nids sur ses branches. Ces chenilles ont une manière de vivre qui rappelle celle du *Bombyx chrysorrhœa*, si funeste aux arbres fruitiers, champêtres et aux haies vives.

Lorsque la chenille du Papillon gazé a pris toute sa taille, elle a 35 mil. de longueur; sa tête est noire, luisante; le dessus du corps est d'un beau noir; elle porte sur chaque côté une raie longitudinale formée par un grand nombre de poils roux ou jaunes foncés et aussi par des petites taches de la même couleur; le dessous et les côtés jusqu'au dessus des stigmates sont d'un gris noirâtre piqueté de noir; le corps, la tête et les pattes sont garnis de poils blancs assez longs, mêlés à quelques poils noirs; les stigmates sont noirs et les pattes sont au nombre de seize.

Ces chenilles, pour se métamorphoser en chrysalides, ont soin d'engager contre un objet résistant les crochets de leurs pattes anales dans une petite toile de soie qu'elles ont filée et d'envelopper leur corps d'une ceinture de fils de soie collée par ses extrémités contre le même objet. Elles restent fixées dans une position oblique à l'horizon jusqu'au moment de la métamorphose qui ne tarde pas à s'effectuer.

La chrysalide est anguleuse, de couleur jaune-citron, marquée d'un grand nombre de taches et de raies d'un beau noir; le dessous porte une large bande noire luisante qui s'étend d'un bout à l'autre; le dessus du corselet présente une arête élevée et tranchante, en demi-cercle et de couleur noire; de chaque côté on voit un tubercule conique et la tête se termine par une pointe mousse; l'extrémité opposée finit par une petite queue garnie de spinules, lesquelles sont engagées dans le paquet de soie où étaient les pattes anales de la chenille. Le papillon éclôt trois semaines après la transformation en chrysalide et prend son essor vers le 15 juin.

Il fait partie de la famille des Diurnes, de la tribu des Piérides et du genre *Pieris*. Son nom entomologique est *Pieris cratægi* et son nom vulgaire *le Gazé*. Il est le seul de sa tribu dont la chenille vive sur les arbres et dont les ailes, presque dépourvues d'écailles, soient à demi-transparentes. Ces deux circonstances ont engagé les entomologistes modernes à le placer dans un genre particulier appelé *Leuconea*.

4. *Pieris (Leuconea) cratægi*, Lat.— Enverg. 68 mil. Les antennes sont noires, de la longueur du corps, terminées en bouton allongé et blanchâtre à l'extrémité; la tête et la trompe sont noires, ainsi que le corselet; ce dernier et la tête sont garnis de longs poils blanchâtres; l'abdomen est noir; les ailes sont grandes, arrondies, dépourvues de frange, blanches, traversées par des nervures noires un peu élargies, peu garnies d'écailles, en partie transparentes, un peu ombrées de noir le long de la côte et du bord postérieur; le dessous des inférieures est d'un blanc tirant sur le jaune et pointillé de noir; les six pattes sont noires.

On s'oppose aux ravages des chenilles de ce papillon en en faisant soigneusement la recherche sur les branches des arbres fruitiers où leurs nids sont apparents avant la pousse des feuilles. On doit enlever tous ces nids et les brûler.

Elles ont pour ennemi naturel un petit Ichneumonien du genre

2

Microgaster, qui pond ses œufs dans leur corps et dont les larves vivent en société nombreuse dans les entrailles de la chenille et la font périr. Ce petit parasite parait être le *Microgaster glomeratus* qui attaque fréquemment les chenilles du grand papillon du chou (*Pieris brassicæ*) et qui n'est guère moins funeste au papillon gazé.

—

5. — LA SÉSIE MUTILLIFORME.
(*Sesia mutillæformis*, Dup.) (1).

La chenille de ce petit Lépidoptère habite sur les vieux troncs et sur les grosses branches des pommiers. On la trouve à l'entour et sur les bords des caries sèches, des parties coupées depuis plusieurs années, des endroits dénudés et de ceux où l'écorce est en partie détachée. On la rencontre toujours sous l'écorce dans la portion qui sépare la partie verte de la partie sèche et qui est éloignée des bords de 10 à 30 mil. Elle vit sur les limites du bois vif, recouverte par l'écorce desséchée, se nourrissant des sucs qui suintent en ce point, provoqués par les morsures qu'elle y fait. Elle est presque toujours couverte d'un liquide rougeâtre lorsqu'on la découvre, ce qui lui donne un aspect sale et la fait paraître d'une couleur plus foncée. Elle parvient à toute sa croissance au 20 juin. Il y en a même qui se transforment en chrysalides vers la fin de mai. La coque dans laquelle ces dernières se renferment pour se métamorphoser est d'une forme très allongée, composée de parcelles de bois et d'écorce détachées par la chenille et tapissée intérieurement d'une couche de soie blanche. La chrysalide est d'un jaune testacé et porte deux rangs de spinules sur les 3e, 4e, 5e, 6e segments et un seul rang sur les trois postérieurs; le dernier est orné à son extrémité d'une couronne d'épines plus fortes; la tête se termine en pointe en forme de cimier de casque. Le papillon se montre depuis les premiers jours de juin jusqu'au 20 juillet et

(1) Blisson, Ann. Soc. Ent., 1856.

même jusqu'au 10 août lorsque le printemps a été froid. Il est classé dans la famille des Crépusculaires, la tribu des Sésiéides et dans le genre *Sesia*. Son nom entomologique est *Sesia mutillæformis* et son nom vulgaire *Sésie mutilliforme*.

5. *Sesia mutillæformis*, Dup. — Enverg. 17-19 mil. Les antennes sont d'un noir-bleu, un peu fusiformes, simples, terminées par un petit bouquet de poils; les palpes sont noirs; la tête est d'un noir-bleu luisant, avec un petit trait blanc au bord interne des yeux; le corselet et la poitrine sont d'un noir-bleu luisant, avec une grande tache dorée sur chaque côté de la poitrine; l'abdomen est de la couleur du corselet avec le quatrième anneau d'un rouge fauve en dessus, noir bordé de blanc en dessous; la brosse de l'anus est d'un noir-bleu; les pattes sont de la même couleur avec une petite ligne blanche sur les cuisses antérieures; les ailes supérieures sont transparentes, ayant les nervures, les bords et une large tache transverse d'un noir-bleu en dessus; le sommet, les nervures, les bords, les côtés de la bande d'un fauve doré en dessous; les ailes inférieures sont transparentes, avec les nervures et les bords, d'un bleu-violet en dessus, d'un fauve doré en dessous et une petite lunule noire de part et d'autre; la frange des quatre ailes est d'un noir-violet.

Le mâle est semblable à la femelle; mais son abdomen est allongé, plus grêle, avec la brosse anale comprimée; tout le dessous du quatrième anneau et le pourtour de l'anus sont blancs; les palpes sont blanchâtres en dessous, excepté vers le bout, et les tarses sont d'un brun-pâle au côté interne.

La chenille de ce Lépidoptère met au moins un an et probablement en emploie deux à prendre toute sa croissance. Elle cause du dommage aux pommiers en augmentant la plaie sous-corticale dans laquelle elle vit. On devra l'y chercher et enlever avec la serpette l'écorce morte sous laquelle elle se tient de manière à arriver au vif de l'arbre. Si le pommier est languissant on devra le soigner pour lui rendre de la vigueur.

On n'a pas encore signalé les parasites de cette chenille.

6. — LA SÉSIE TIPULIFORME.

(*Sesia tipuliformis*, Dup.)

Il n'est pas rare de voir dans les jardins des branches de groseiller (*Ribes rubrum*) mortes et desséchées au milieu d'autres
qui sont très vertes. Si on les coupe, pour en débarrasser l'arbuste,
on remarque qu'elles sont creuses et que toute la moëlle a disparu ;
elles sont comme un tuyau percé d'un bout à l'autre. C'est une
petite chenille qui a fait cet ouvrage. Elle s'est logée dans la branche, a mangé la moëlle et a fait périr le rameau. Cette Chenille provient d'un œuf pondu par un petit Papillon à l'extrémité d'une
branche d'une notable grosseur, environ 5 à 8 mil. de diamètre.
Aussitôt qu'elle est née elle entre dans la moëlle dont elle fait sa
nourriture et descend dans la branche à mesure qu'elle grandit et
qu'elle consomme la provision qui l'environne. On reconnaît les
branches habitées à ce que les feuilles de l'extrémité sont flétries,
jaunies, plus ou moins près de leur dessication et à ce que le bois
est noirâtre, presque mort au-dessus du point occupé par la chenille. Cette dernière atteint le terme de sa croissance au commencement d'avril et se transforme en chrysalide à l'extrémité de sa
galerie, en ayant soin préalablement de percer un trou rond dans la
branche pour la sortie du papillon. Ce trou est masqué par la pellicule de l'écorce ménagée par la chenille. C'est vers le 20 avril
qu'a lieu la métamorphose en chrysalide et vers le 20 mai que paraît le papillon.

La chenille est d'un blanc légèrement rosé. Elle a la tête fauve
et deux petits traits fauves sur le premier segment ; les autres segments portent des points verruqueux couleur de chair surmontés
chacun d'un poil ; on en compte quatre dorsaux formant un trapèze ; elle est pourvue de seize pattes dont les six écailleuses sont
noires et les autres jaunâtres.

La chrysalide est armée d'un double rang de spinules sur le dos
de chaque segment de l'abdomen. Au moment de la métamorphose

elle sort à moitié par le trou ménagé par la chenille dans la branche et le papillon se défait de l'enveloppe de la chrysalide et prend son essor sans froisser ses ailes.

Il se classe dans le genre *Sesia* de la tribu des Sésiéides qui fait partie de la famille des crépusculaires. Son nom entomologique est *Sesia tipuliformis* et son nom vulgaire *Sésie tipuliforme*.

6. *Sesia tipuliformis*, Dup. — Enverg. 19-21 mil. Les antennes sont bleues, un peu fusiformes, terminées par un petit faisceau de poils ; les palpes sont noirs en dessus, jaunes en dessous ; la tête est noire, avec une ligne blanche devant les yeux et un collier jaune ; le corselet et la poitrine sont d'un noir-bleu luisant, avec une tache allongée sur chaque côté de celle-ci et une ligne longitudinale sur chaque côté de celui-là, de couleur jaune ; l'abdomen est d'un noir-bleu luisant, avec le bord des 3e, 5e, 7e anneaux jaune ; il est terminé par un pinceau de poils d'un noir-bleu ; les ailes supérieures sont transparentes, avec le sommet fauve de part et d'autre ; le dessus a les nervures, les bords et une bande transverse d'un noir-violet ; le dessous a la côte jaunâtre ; les inférieures sont transparentes, avec les nervures, les bords et une petite lunule d'un noir-violet sur chaque face ; la frange des quatre ailes est d'un cendré noirâtre.

Chez le mâle le dernier anneau jaune de l'abdomen est double et les antennes sont légèrement pectinées au côté interne.

La chenille de ce papillon met au moins un an à parvenir à toute sa croissance et en emploie peut-être deux. On la combat en ayant soin de couper les branches des groseillers dès qu'on s'apperçoit que les feuilles du sommet se flétrissent. Si on ne veut pas couper la branche, on examine son écorce pour remarquer le point qui sépare le bois vif du bois altéré ; on fait une entaille en ce point de manière à découvrir la galerie sur une certaine longueur et on tue la chenille dans son gîte. Ses parasites n'ont pas encore été signalés.

7. — LA SÉSIE CULICIFORME.

(Sesia culiciformis, Dup.)

La chenille de ce petit papillon vit sous l'écorce du prunier et du pommier. Elle est légèrement pubescente, avec la tête brunâtre. Sa chrysalide est allongée, brune, avec des pointes à la partie postérieure.

Je ne possède pas d'autres détails sur la manière de vivre de cette chenille que je n'ai pas élevée, ni sur les dégâts qu'elle peut causer aux arbres dans lesquels elle s'est établie. Je me contente de la signaler.

Le papillon se montre en mai et juin sur les fleurs, particulièrement sur celles du seringat odorant. Il est classé dans la famille des Crépusculaires, la tribu des Sésiéides et le genre *Sesia*. Son nom entomologique est *Sesia culiciformis* et son nom vulgaire *Sésie culiciforme*.

7. *Sesia culiciformis*, Dup. — Enverg. 24 à 27 mil. Les antennes sont d'un noir-bleu, un peu fusiforme, un peu pectinées au côté interne chez le mâle, filiformes chez la femelle, terminées par une petite houppe de poils ; les palpes ont le dessus noir, le dessous d'un rouge fauve ; le corselet et la poitrine sont d'un noir-bleu luisant, avec une grande tache d'un rouge fauve sur chaque côté de la poitrine ; l'abdomen est de la même couleur que le corselet, avec tout le quatrième anneau d'un rouge fauve, plus vif en dessus qu'en dessous ; la brosse de l'anus est d'un noir-bleu ; les pattes sont de la même couleur ; les épines tibiales sont jaunes et les tarses jaunâtres avec l'extrémité noire ; les ailes supérieures sont transparentes ; le dessus est rougeâtre à la base ; les nervures, les bords et une large bande transverse sont d'un noir-bleu ; le dessous a les bords d'un fauve pâle ; le sommet est d'un noir-violet, avec un point d'un rouge-fauve sur le côté externe de la bande transverse ; les ailes inférieures sont transparentes, avec les nervures, les bords et une petite lunule, noirs en dessus, et la côte d'un

fauve, pâle en dessous; la frange des quatre ailes est d'un brun-noirâtre.

Cette espèce varie en ce que le deuxième anneau de l'abdomen est bordé de rouge fauve, ou bien en ce qu'il est longé latéralement par une ligne de cette couleur.

On ne connaît pas assez bien les mœurs de la chenille pour indiquer le moyen de la détruire. On ignore aussi quels sont ses parasites.

8. — LA ZYGÈNE DU PRUNIER.

(*Procris pruni*, Dup.)

L'amandier est un arbre précieux dont la culture est très répandue dans les départements méridionaux de la France et dont les fruits se mangent verts, se conservent secs et paraissent sur toutes les tables et sont abondamment employés par les confiseurs. On en tire aussi une huile d'un usage très fréquent en pharmacie. L'amandier est ordinairement planté dans les vignes dans les localités où la température ne permet pas d'y placer des oliviers qui exigent des hivers sans gelées. Il ne craint pas absolument le froid de notre climat, mais comme il fleurit de très bonne heure on ne peut l'y cultiver avec profit à cause des gelées du printemps qui l'empêchent souvent de porter des fruits.

On a observé qu'il survient une grande mortalité de ces arbres lorsque leurs feuilles ont été dévorées deux années consécutives par les chenilles de la Zygène du prunier. Ces chenilles ne se montrent pas en grand nombre chaque année, mais elles paraissent à des époques plus ou moins éloignées, en si grande quantité qu'elles dépouillent les amandiers de toutes leurs feuilles et leur font beaucoup de tort.

Cette chenille est courte, ramassée, garnie de petites aigrettes de poils courts. Elle a le corps rosé, avec la tête, les stigmates et les pattes écailleuses, noirs; son dos est divisé par une double série de

losanges noirs disposés transversalement. Parvenue à toute sa taille
elle s'enferme dans une coque soyeuse, allongée, d'un tissu lâche
qui ne paraît suspendue que par une de ses extrémités. La chrysalide est faiblement verdâtre, avec le dos et les enveloppes noirâtres. Le Papillon en sort au mois de juin.

Il est classé dans la famille des Crépusculaires, dans la tribu des
Zygénides et dans le genre *Procris*. Son nom entomologique est
Procris pruni et son nom vulgaire *Zygène du prunier*.

8. *Procris pruni*, Dup. — Envérg. 19 à 21 mil. Les antennes sont
presque aussi longues que le corps, bi-pectinées jusqu'au bout
chez le mâle, garnies de petites écailles chez la femelle, d'une couleur bleu-verdâtre; la tête et le corps sont d'un vert-obscur; les
ailes supérieures sont en dessus d'un vert-obscur, avec la base
saupoudrée de vert-doré; le dessous et les deux côtés des inférieures sont d'un brun-noirâtre; la trompe est courte, jaunâtre; les
palpes sont grêles, séparés de la tête, presque nus, n'atteignant pas
jusqu'au chaperon.

La chenille de cette espèce vit aussi sur le prunellier (*Prunus
spinosa*) et sur le chêne. C'est du premier de ces arbres que le
papillon a été nommé *Procris pruni*.

Pour se débarrasser de cette chenille dévastatrice il faut sur-
veiller les amandiers au commencement du printemps, et dès qu'on
s'aperçoit qu'elle les a envahis, il faut les secouer dès le grand
matin et faire tomber les insectes sur des toiles étendues au pied
des arbres. En répétant cette opération plusieurs jours de suite on
détruira une multitude de ces chenilles et on diminuera considérablement leurs dégâts.

On n'a pas encore signalé les parasites de cette espèce qui doivent être nombreux et puissants, puisqu'ils parviennent à la faire
disparaître d'une année à l'autre.

9. — LA ZYGÈNE MALHEUREUSE.
(*Aglaope infausta*, Dup.)

La chenille de la Zygène malheureuse est signalée comme un véritable fléau pour les amandiers. Celle de la Zygène du prunier n'attaque ces arbres qu'accidentellement et de loin en loin, tandisque la première en ronge les feuilles habituellement. Elle vit aussi sur le prunellier. Elle est courte, ramassée, garnie de petits bouquets de poils implantés sur des tubercules. Elle a le dos et le ventre jaunes; la tête et les pattes écailleuses noires; sur chacun de ses côtés sont deux bandes longitudinales, dont la supérieure brune, l'inférieure bleue et beaucoup plus étroite; ses deux dernières pattes sont bleuâtres; la chrysalide est renfermée dans une coque ovoïde, d'un tissu très serré. Le papillon en sort dans le mois de juin

Il se classe dans la même famille et la même tribu que le précédent et dans le genre *Aglaope*. Son nom entomologique est *Aglaope infausta* et son nom vulgaire *Zygène malheureuse*.

9. *Aglaope infausta*, Dup. — Enverg. 19 à 21 mil. Les antennes sont noirâtres, presque de la longueur du corps, bipectinées dans les deux sexes; les palpes sont très petits, séparés du front, n'atteignant pas le chaperon, à dernier article grêle, presque nu; la trompe est très courte; la tête et le corps sont d'un brun-cendré; le corselet est orné d'un collier rouge; les quatre ailes sont en dessus d'un brun tirant sur le cendré, avec l'origine de la côte et du bord interne des supérieures et presque la moitié intérieure des inférieures d'un rouge-carmin-tendre; le dessous ressemble au dessus.

Cette espèce est commune dans le midi de la France. On la trouve aussi dans le centre, voltigeant autour des buissons dans le mois de juillet.

On se délivre de sa chenille en secouant les amandiers qu'elle a envahis dès le lever du soleil et en la recevant sur des toiles étendues à leur pied. Ses parasites n'ont pas encore été signalés.

10. — LE COSSUS DU MARRONNIER.

(*Zeuzera æsculi*, Dup.)

On trouve quelquefois dans les branches des poiriers et des pommiers et dans les tiges des jeunes sujets de la grosseur du doigt ou un peu plus, une chenille qui s'y creuse une galerie longitudinale et qui se nourrit des fibres du bois qu'elle détache et des sucs qu'elle en exprime. Elle atteint le terme de sa croissance à la fin du mois de mai. Elle provient d'un œuf qui a été pondu, au mois d'août de l'année précédente, dans une fissure ou une gerçure de l'écorce. La petite chenille sortie de l'œuf s'introduit dans le bois près de l'écorce et y creuse un tuyau proportionné à sa taille. Elle travaille pendant l'automne à allonger son habitation dans laquelle elle passe l'hiver engourdie par le froid et lorsque la chaleur du printemps lui rend l'activité elle continue à ronger le bois. Elle maintient sa galerie sur la côte de la branche où elle n'est séparée de l'écorce que par une mince couche de bois. Parvenue à toute sa taille vers la fin de mai, elle élargit la partie de la galerie dans laquelle elle se trouve et en fait une cellule. Elle prend la précaution de percer la tige d'un trou rond assez grand pour la sortie du papillon et le bouche avec de la sciure de bois. Elle se renferme ensuite dans une coque fabriquée avec des grains de sciure liés avec des fils de soie et tapissée intérieurement d'une toile de soie; après quoi elle se change en chrysalide.

Cette chenille est un peu plus grosse que celles de moyenne grandeur. Elle est rase et de couleur jaune pâle, piquetée de points d'un brun-noir; sa tête est d'un noir luisant; le premier anneau de son corps est un peu plus grand que les autres et porte en dessus une large tache noire luisante qui en occupe presque toute la surface et qui paraît écailleuse; le dernier anneau porte aussi en dessus une grande tache noire; elle est pourvue de seize pattes.

Le papillon se montre dans les premiers jours d'août. Ce n'est pas lui qui force les barrières de son berceau, mais c'est la chrysalide. Cette dernière est armée de petites épines dirigées en arrière.

et rangées sur deux lignes transversales sur chacun des anneaux de son abdomen. En remuant celui-ci elle se pousse en avant, perce le cocon et débouche le trou de sortie dans lequel elle reste à demi-engagée. Le papillon peut alors se défaire de l'enveloppe de la chrysalide et prendre son essor.

Il se range dans la famille des Nocturnes, dans la tribu des Hé-pialides et dans le genre *Zeuzera*. Son nom entomologique est *Zeuzera æsculi* et son nom vulgaire *Cossus du marronnier*.

10. *Zeuzera æsculi*, Dup. — Enverg. 55 mil. Les antennes du mâle sont pectinées à leur base, simples à leur extrémité ; celles de la femelle sont simples dans toute leur étendue ; la trompe est extrê-mement petite, formée de deux filets séparés ; les ailes sont placées en toit dans le repos ; les supérieures sont oblongues, ayant le bord interne arqué dans le milieu, blanches de part et d'autre, avec une multitude de points d'un noir-bleu ; les inférieures sont blanches avec beaucoup de points noirâtres ; le corps est blanc, avec les anneaux de l'abdomen, six points sur le corselet et les pattes d'un noir-bleu.

La femelle pond un grand nombre d'œufs petits, ovalaires, d'un jaune-pâle.

Si l'on peut parvenir à reconnaître la branche ou la tige attaquée par la chenille de ce Cossus et le point où se trouve la galerie, on y fait une incision et on tue ou blesse la chenille. On ne connaît pas ses parasites.

—

11. — L'ÉCAILLE POURPRÉE.

(*Chelonia purpurea*, Dup.)

La chenille de l'Écaille pourprée se trouve dans les jardins et les vergers. Elle vit sur le pommier, le cerisier, le prunier, la vigne, les groseilliers, l'asperge et sur d'autres plantes. Elle est l'une des plus vives que l'on connaisse. Le son de la voix suffit pour la faire tomber de la plante sur laquelle elle est fixée. Gardée en captivité

elle cherche à s'échapper et l'on est obligé de couvrir la boîte qui
la renferme avec une toile métallique, car elle coupe la gaze et le
canevas. Elle vit isolément et n'est pas très commune dans les environs de Santigny où elle ne cause pas de dégâts sensibles.

Cette chenille est noire avec des tubercules grisâtres piquetés de
brun d'où s'élèvent en aigrettes des poils médiocrement longs ; lesquels sont tous jaunes, ou bien gris sur les côtés du corps et d'un
roux foncé sur le dos. Elle a de plus trois lignes blanches maculaires longitudinales, dont les deux extérieures lavées d'une couleur rougeâtre qui n'en fait que mieux ressortir le blanc des stigmates ; la tête et les pattes sont d'un noir luisant ; mais les pattes
membraneuses ont le milieu ferrugineux ; son ventre est tantôt
blanchâtre, tantôt jaunâtre ; elle passe l'hiver et se change en chrysalide dans les quinze premiers jours de juin, après s'être renfermée
dans un cocon de soie blanche. La chrysalide est d'abord rouge,
mais elle devient ensuite d'un brun-marron-foncé ; elle porte plusieurs bouquets de poils ferrugineux dont un à l'anus, les autres
sur les anneaux de l'abdomen ; l'état de chrysalide ne s'étend guère
au-delà de trois semaines.

Cette espèce n'a qu'une génération dans l'année, aux mois de
juillet et août. Le papillon se classe dans la famille des Nocturnes,
la tribu des Bombycides, la sous-tribu des Chélonites et le genre
Chelonia. Son nom entomologique est *Chelonia purpurea* et son
nom vulgaire *Ecaille pourprée, Ecaille mouchetée*.

12. *Chelonia purpurea*, Dup.—Enverg. 50 à 54 mil. Les antennes
sont jaunes, pectinées chez le mâle, presque filiformes chez la femelle ; les palpes sont bruns ; le dessus des ailes supérieures est
d'un jaune d'ocre, avec une multitude de points et de taches d'un
brun-noirâtre plus ou moins foncé ; le dessus des inférieures est
rose chez le mâle, d'un rouge-cerise chez la femelle, avec la
frange des bords postérieur et interne jaune et six ou sept taches
noires éparses, la plupart orbiculaires ; le dessous des supérieures est d'un jaune lavé de rouge et marqué d'une dizaine de taches
noires ; le dessous des inférieures offre le même dessin que le des-

sus, mais il a plus de jaune que de rouge ; le corps est d'un jaune
d'ocre, avec le ventre rougeâtre et le dos marqué par trois séries
de taches noires dont les intermédiaires plus grandes.

Les parasites de cette espèce n'ont pas été signalés.

---

12. — LE BOMBYX PUDIBOND.
(*Dasychira pudibunda,* Dup.)

Ce Lépidoptère se trouve fréquemment dans les jardins et sa
chenille s'y rencontre dans les mois d'août, de septembre et le
commencement d'octobre. Elle vit sur les poiriers, les noisetiers
et sur beaucoup d'autres arbres, comme le noyer, l'orme, etc. Elle
se tient isolée et ne cause de dégâts sensibles que lorsqu'il s'en
trouve plusieurs sur le même arbre. Comme elle ne ronge que des
feuilles à la fin de l'été et pendant l'automne on ne saurait l'accuser
de beaucoup de dommages et on pourrait se dispenser de lui donner place ici. On s'est déterminé à en parler parce qu'on la remarque facilement et fréquemment sur les arbres fruitiers et que le
jardinier peut désirer savoir quel papillon elle donne. Cette chenille
est d'un vert-jaunâtre ou vert-pomme, avec les 2e, 3e, 4e incisions
du dos d'un noir-velouté suivies de deux lignes maculaires et longitudinales pareillement noires, sur lesquelles s'élèvent d'abord
quatre brosses verticales jaunes ou blanches, puis des tubercules
d'où partent en aigrettes des poils jaunes ; ses côtés offrent des tubercules semblables et les deux vésicules de l'arrière-dos sont rougeâtres ; le onzième anneau est muni d'un long faisceau de poils
rougeâtres penché en arrière ; toutes les pattes ont l'extrémité
rougeâtre et le ventre est noir ; les stigmates sont blancs avec le
pourtour noir. Cette chenille se roule fortement lorsqu'on la touche. Les quatre faisceaux de poils qu'elle porte sur le dos, coupés
carrément à la même hauteur, l'ont fait appeler chenille à brosses.

Parvenue à toute sa croissance en automne, elle file une coque
molle mais serrée, d'un gris jaunâtre, dans laquelle elle se renferme

pour se changer en chrysalide et qu'elle place dans une feuille pliée.

La chrysalide est cylindrico-conique, d'un noir-brun luisant, avec les incisions plus claires, les anneaux postérieurs rugueux et velus, l'anus terminé par une pointe épaisse à l'extrémité de laquelle sont des poils roux.

Le papillon éclôt l'année suivante en mai ou en juin. Il se classe dans la famille des Nocturnes, la tribu des Bombycides, la sous-tribu des Liparides et dans le genre *Dasychira* ; son nom entomologique est *Dasychira pudibunda*, Dup., et son nom vulgaire *Bombyx pudibond* ou *Bombyx pattes-étendues*.

13. *Dasychira pudibunda*, Dup. — Enverg. 54 à 60 mil. Les antennes sont d'un gris-blanchâtre avec les barbes rousses, les dernières plus longues chez les mâles que chez les femelles ; les palpes sont courts, très velus ; le dessus des ailes supérieures est d'un gris-blanc, avec quatre lignes transverses et ondulées, plus une série de points marginaux d'un brun-noirâtre ; les deux lignes intermédiaires renferment une lunule centrale de leur couleur, mais elle est absorbée chez le mâle par une large bande transverse d'atomes obscurs ; le dessus des inférieures est blanchâtre, avec une bande brunâtre sinuée faisant suite à la ligne postérieure des ailes de devant ; le dessous des quatre ailes est du même ton que le dessus des inférieures, avec un point central et une bande postérieure noirâtres ; le corps est d'un gris blanchâtre.

Le mâle a deux taches noirâtres près de l'origine des pattes antérieures. Ce papillon, dans le repos, porte ses pattes antérieures en avant et les étend fort au-delà de sa tête qui est appuyée sur ses cuisses. Ces pattes sont très-velues. Cette position immobile qu'il garde pendant le jour lui a valu le nom de *Bombyx pattes-étendues*.

La chenille du Bombyx pudibond est exposée aux atteintes d'un grand nombre de parasites de l'ordre des Diptères et de la Tribu des Tachinaires, soit parce que sa belle couleur jaune, qui tranche sur le vert des feuilles, la fait distinguer de loin par ces insectes,

soit pour une autre cause qui nous est inconnue. Robineau-Desvoidy, dans son *Histoire des Diptères des environs de Paris*, en a
décrit six espèces qui sont sorties des chrysalides de ce Lépidoptère. La mouche parasite pond un œuf sur le dos de la chenille duquel sort une petite larve qui perce la peau de cette dernière et
entre dans son corps où elle vit de la matière graisseuse produite
par la digestion. La chenille croît sans paraître incommodée et en
même temps la larve parasite croît aussi. Lorsque la première est
parvenue à toute sa grandeur, elle se change en chrysalide et la
seconde se transforme en pupe dans le corps de la chrysalide, et
l'on voit bientôt sortir un diptère au lieu d'un papillon qu'on at-
tendait. Telle est la manière dont se comportent en général les
mouches parasites.

La première décrite par Robineau-Desvoidy est la *Carcelia lucorum* qui est sortie dans le mois d'avril d'une Chrysalide du *Bombyx pudibunda*; ce Diptère est le même que celui appelé *Senometopia puparum* par Macquart.

1. *Carcelia lucorum*, R. D. — Longueur de 5-6-8 mil. Elle est
noire. Les antennes sont noires et descendent jusqu'à l'épistome;
le 3e article est triple du 2e et surmonté d'un style nu; la face est
verticale, nue, blanchâtre; les yeux sont écartés, velus et la bande
frontale est rougeâtre; les côtés du front sont brun cendré; les
palpes sont jaunes et les poils du derrière de la tête gris; le corselet d'un noir de pruneau, luisant, saupoudré et rayé de grisâtre,
avec une demie-bande derrière l'origine des ailes et l'écusson fauves; l'abdomen du mâle est cylindrico-arrondi, d'un noir de pruneau, avec des reflets cendrés un peu grisâtres; la ligne dorsale et
les incisions des segments noires et une tache fauve sur les côtés
des premiers segments; les pattes sont noires avec les tibias testacé-
fauve ou fauves; les ailes sont assez claires avec la base un peu
ferrugineuse; la nervure transversale de la première cellule postérieure est presque droite, rarement cintrée; les cuillerons sont
blancs; on remarque deux cils apicaux plus ou moins éloignés sur
le premier segment de l'abdomen; quatre cils apicaux sur le deu-

xième, et une série complète sur le troisième; les cils frontaux au-dessous de la base des antennes sont au nombre de quatre ou cinq.

La femelle est semblable au mâle, mais elle n'a pas de fauve sur les côtés de l'abdomen; la base des ailes est un peu moins fauve et les côtés du front un peu plus cendrés.

Cette mouche parasite ne s'adresse pas seulement aux chenilles du *Dasychira pudibunda*, mais encore à celles de la *Chelonia villica*, de l'*Aretia fuliginosa* et du *Liparis salicis*.

Une deuxième espèce du genre *Carcelia* appelée *Carcelia susurrans* se développe aussi dans les chenilles du *Dasychira pudibunda* et sort de leur chrysalide.

2. *Carcelia susurrans*, R. D. — Long. 11 mil. Les antennes sont noires, les côtés du front brun-ardoisé; la face est blanchâtre et les palpes sont fauves; les poils du derrière de la tête sont grisâtres; le corselet est noir, saupoudré et rayé de cendré un peu obscur; l'écusson est jaune-testacé; l'abdomen est d'un noir-bleuâtre, avec des reflets d'un cendré à peine grisâtre et une tache latérale fauve sur les côtés du deuxième segment; les tibias sont testacés; les cuillerons blanchâtres; les ailes hyalines à base flavescente.

Une troisième espèce du même genre est encore sortie d'une chrysalide du *Dasychira pudibunda*; c'est la *Carcelia orgyæ*.

3. *Carcelia orgyæ*, R. D. — Long. 13 mil. Les antennes sont noires; les côtés du front brun-cendré; la bande frontale est rougeâtre; la face est blanchâtre; les palpes sont fauves; le corselet est cendré, avec deux lignes dorsales noires; l'écusson est rouge; l'abdomen est noir, garni de reflets cendrés; les côtés du troisième segment avec son bord postérieur et le bord antérieur du quatrième sont rouges; les pattes sont noires avec les tibias testacés, les cuillerons blancs et les ailes assez claires à base jaunâtre.

Robineau-Desvoidy a donné à cette Entomobie ou Tachinaire le nom d'*Orgyæ*, parce qu'à l'époque où il l'a nommée le *Dasychira pudibunda* s'appelait *Orgya pudibunda*. Cette même Entomobie se développe dans la chenille du *Bombyx castrensis,* appelé aujourd'hui *Clisiocampa castrensis,* Dup.

Une 4e espèce du même genre *Carcelia* est sortie, dans le mois de juillet, d'une chrysalide du *Dasychira pudibunda.* Elle a été appelée :

4. *Carcelia amphion,* R. D.—Long. 10 à 12 mil. Les antennes sont noires ; les côtés du front sont brun-cendré, la bande frontale est noire ; la face est blanchâtre ; les poils du derrière de la tête sont gris ; le corselet est noir, obscurément saupoudré et rayé de cendré-brun avec une bande humérale de chaque côté d'un testacé-fauve, le bord postérieur et l'écusson jaunes ; l'abdomen est noir, avec des reflets cendré-obscur, une large tache fauve sur les côtés des trois premiers segments ; les pattes sont noires avec les tibias testacés ; les tibias postérieurs sont un peu arqués avec des cils noirs, pressés ; les ailes sont assez claires, avec la base jaunâtre ; les cuillerons sont blancs.

Dans ces différentes espèces du genre *Carcelia* la proportion entre la longueur des articles des antennes, le nombre et la disposition des cils frontaux et abdominaux et la villosité des yeux sont les mêmes et tel qu'on l'a indiquée dans la description de la *Carcelia lucorum.* Ces caractères sont communs à toutes les espèces de la tribu des Bombomydes. On doit encore y ajouter une rangée de cils raides sur le côté postérieur des tibias de la troisième paire des pattes.

La *Carcelia amphion* est aussi sortie d'une chrysalide de l'*Orgya antiqua.*

Une 5e espèce appartenant au genre *Zenilia* est sortie en été de la chrysalide du *Dasychyra pudibunda* ; c'est la

5. *Zenilia aurea,* R. D. — Long. 9 mil. Elle est couverte d'un duvet jaune doré sur un fond noir. Les antennes sont noires et descendent jusqu'à l'épistome ; le 3e article est quadruple du 2e, il est surmonté d'un style simple renflé jusqu'au milieu ; les yeux sont d'un brun-rougeâtre, écartés et velus ; la bande frontale est

noire; les côtés du front sont jaunes; la face est blanche, bordée
de soies jusqu'au 1/3 de sa hauteur; les palpes sont fauves; le corselet est d'un jaune-doré, avec quatre raies noires en dessus; l'é-
cusson est testacé; l'abdomen est ové-conique, de la longueur du
thorax, d'un jaune doré, avec le premier segment noir; les pattes
sont noires, ciliées, à reflet blanc; les ailes sont hyalines, à nervures noires; les cuillerons sont testacés; la première cellule postérieure est fermée près de l'extrémité de l'aile, la deuxième nervure transversale est flexueuse et tombe aux 2/3 de la cellule postérieure.

On compte deux cils apicaux sur le premier segment de l'abdomen; deux cils médians et deux apicaux sur le deuxième segment;
deux cils médians et une rangée de cils apicaux sur le troisième.

Cette espèce ressemble tellement à la *Senometopia libatrix*
Macq., qu'on peut les confondre en lisant les descriptions. Elle se
développe aussi dans les chenilles du *Bombyx (Clisiocampa) neus-
tria* et dans celles du *Bombyx processionea*.

Enfin une 6e espèce attaque le *Dasychira pudibunda*; c'est la *Doria concinnata* R. D., appelée *Metopia concinnata* Macq.

6. *Doria concinnata*, R. D. — Long. 7 à 8 mil. Les antennes
sont noires et descendent jusqu'à l'épistôme; le 3e article est quadruple du deuxième et surmonté d'une soie simple; la bande frontale est noire; les côtés du front sont cendrés, parfois cendré flavescent; la face est blanche, oblique, pourvue de cils qui s'élèvent
jusqu'au milieu des fossettes; les palpes sont fauves; les yeux velus; le thorax est noir, rayé de cendré parfois un peu flavescent;
l'abdomen est noir, avec trois fascies de reflets cendrés et une ligne
dorsale noire; les ailes hyalines à base plus ou moins flavescente;
les cuillerons sont blancs et les balanciers d'un blanc-jaunâtre.

On compte deux cils médio-apicaux sur le premier segment de
l'abdomen; deux cils médio-basilaires et deux cils médio-apicaux
sur le deuxième; deux cils médio-basilaires et une rangée complète de cils apicaux sur le dos du troisième.

Cette espèce s'adresse à un grand nombre de Lépidoptères pour leur imposer ses œufs. Parmi les papillons de jour on cite les : *Vanessa prorsa*, *levana Antiopa*, *Io* : le *Pieris brassicœ*; parmi les crépusculaires on nomme le *Sphinx pinastri* et le *Semrynthus populi* ; parmi les nocturnes on désigne les *Liparis chrysorrhœa* et *Salicis*, le *Bombyx processionea*, l'*Arctia mentastri*, le *Diloba cæruleocephala*, l'*Acronycta rumicis*, la *Catocala promissa*, l'*Hadena atriplicis*, la *Cucullia verbasci*, l'*Orthosia stabilis*.

Ainsi, la *Doria concinnata* est une mouche qui fait périr une multitude de chenilles, parmi lesquelles on en compte de très-nuisibles.

———

15. — LE BOMBYX A BROSSES.
(*Dasychira fascelina*, Dup.)

La chenille de ce Lépidoptère vit sur le groseiller, le framboisier et aussi sur le trèfle et le pissenlit, etc. On la rencontre dans les jardins ainsi que le papillon qu'elle produit. Elle vit isolée comme celle du Bombyx pudibond et ne cause de dégâts sensibles que lorsqu'elle se trouve en nombre sur le même arbre ou la même plante. Elle a le fond du corps noirâtre, avec des tubercules également noirâtres d'où partent des poils gris ou jaunâtres placés en étoiles par verticilles. Les brosses de son dos, constamment au nombre de cinq, sont blanches avec le milieu noir, mais les trois dernières n'ont du noir que dans l'âge où elles sont près de leur métamorphose; les deux vésicules de l'arrière du dos sont jaunâtres et suivies d'une aigrette noirâtre qui penche du côté de l'anus; il y a sur le cou deux autres aigrettes colorées de même, disposées en forme de cornes. Cette chenille est remarquable par les cinq brosses qu'elle porte sur le dos, par ses deux cornes ou oreilles et par sa queue. Elle passe l'hiver engourdie dans une cachette qu'elle a choisie, se ranime au printemps et se métamorphose en chrysalide à la fin de mai ou dans la première quinzaine de juin; elle se renferme, pour cette opération, dans un cocon de soie simple, dont la couleur est ordinairement gris-cendré et qu'elle place dans le pli d'une feuille.

La chrysalide est cylindrico-conique, d'un noir-brun, avec les incisions ferrugineuses, les derniers anneaux de l'abdomen velus et l'anus terminé par une large pointe garnie de deux bouquets divergents de poils roux. Le papillon en sort trois semaines après, et se classe dans le genre *Dasychira* comme le précédent. Son nom entomologique est *Dasychira fascelina* et son nom vulgaire *Bombyx à brosses, Patte-étendue-Agathe.*

14. *Dasychira fascelina,* Dup. — Enverg. 30 à 38 mil. Les antennes ont la tige grise et les barbes brunes ; celles-ci plus longues chez le mâle que chez la femelle ; les palpes sont courts, très-velus ; le dessus des ailes supérieures est d'un gris-blanchâtre le long de la côte, d'un gris-cendré sur le reste de la surface, avec trois lignes transverses et flexueuses d'atômes noirs, entremêlées d'atômes oranges ; la frange du bord postérieur est en outre précédée d'une série de petits traits noirs éclairés de blanc à leur côté interne ; le dessus des inférieures est d'un gris-cendré pâle, avec un point central et une bande postérieure légèrement obscure ; le dessous des quatre ailes est à peu près de la couleur du dessus des inférieures, avec des taches noires sur le disque ; le corps est d'un gris cendré avec deux points orangés sur le derrière du corselet et une petite brosse noire sur le dos de chacun des deux anneaux antérieurs de l'abdomen.

La femelle ressemble au mâle, mais ses antennes sont beaucoup moins pectinées et son anus est garni d'un bourrelet laineux un peu plus foncé que le corps.

Lorsque ce papillon est au repos il porte en avant ses pattes antérieures qui dépassent notablement la tête, d'où lui est venu le nom vulgaire de *Patte-étendue-Agathe.*

On ne connaît pas d'autre moyen de détruire cet insecte que de chercher sa chenille sur les arbres, où elle est fort apparente, et de la tuer et de rechercher également le papillon qui reste immobile pendant le jour. Ses parasites n'ont pas encore été signalés.

14. — LE BOMBYX SOUCIEUX.

(*Orgya gonostigma*, Dup.)

La chenille du Bombyx soucieux se trouve au commencement de mai et d'août sur le prunier, le framboisier, l'églantier, et sur d'autres arbres tels que le chêne et l'aulne. Elle vit isolément et se nourrit des feuilles de ces arbres auxquels elle cause peu de dommage à moins qu'elle ne s'y trouve en grand nombre. Elle est d'un jaune sale, avec trois bandes noires longitudinales et quatre brosses dorsales d'un roux-jaunâtre obscur. Tous les anneaux de son corps, excepté ceux où sont les brosses, offrent chacun deux bouquets courts de poils blancs, et il y a le long des côtés des tubercules noirs bordés de jaune sur lesquels sont disposés, par verticilles, des poils grisâtres assez longs; le cou est muni de deux longs faisceaux de poils noirs inclinés en avant; le douzième anneau a un faisceau semblable incliné en sens contraire; les deux vésicules de l'arrière du dos sont rougeâtres, et les stigmates sont blancs, avec le pourtour noir; les pattes, écailleuses, sont d'un brun-jaunâtre luisant, les membraneuses verdâtres.

Parvenue à toute sa grandeur, elle se file un cocon lâche, d'un gris-jaunâtre, dans lequel elle se change en chrysalide, d'un noir luisant, avec les incisions jaunâtres et des poils de la couleur du cocon; les trois anneaux postérieurs de son dos ont chacun une double tache blanchâtre, et son anus est terminé par une pointe assez longue dont la sommité est bifide. Le Bombyx éclôt pour la première fois à la fin de mai ou au commencement de juin, et pour la deuxième vers la fin d'août ou en septembre.

Il se classe dans la famille des Nocturnes, la tribu des Bombydes, la sous-tribu des Liparides et dans le genre *Orgya*. Son nom entomologique est *Orgya gonostigma* et son nom vulgaire *Bombyx soucieux*.

15. *Orgya gonostigma*, Dup. — Enverg. 30 mil. Les antennes sont courtes, plumeuses, largement pectinées, d'un brun-obscur, avec

la tige plus pâle; les palpes sont assez longs , velus, débordant la tête; le dessus des ailes supérieures est d'un brun-tanné-obscur, avec trois taches orbiculaires et trois lignes flexueuses transversales d'un brun-marron, puis deux lunules blanches dont l'une au sommet, l'autre à l'angle interne de l'aile ; les taches orbiculaires sont cerclées de gris-bleuâtre, et la lunule du sommet est immédiatement précédée d'une double tache oblongue d'un jaune roussâtre ; le dessus des inférieures est d'un noir-brun, avec des poils cendrés à la base ; ces ailes, ainsi que les supérieures, ont une frange blanche entrecoupée de noir; le dessus des supérieures est noirâtre, avec l'extrémité d'un fauve sale, le sommet précédé d'une lunule blanche et la frange entrecoupée de noirâtre ; le dessous des inférieures est à peu près comme le dessus; le corps est brun.

La femelle, qui est absolument sans ailes, a le corps très gros, d'un cendré obscur avec les pattes et les antennes d'un brun-jaunâtre, ces dernières sont simplement dentées. Les œufs qu'elle pond sont ronds, d'un blanc verdâtre, luisant.

On ne connait pas d'autre moyen de se débarrasser de cet insecte que de faire la chasse à la chenille et au papillon, surtout à la femelle qui ne vole pas et se tient contre le tronc ou les branches des arbres. Ses parasites n'ont pas encore été signalés.

---

15. — LE BOMBYX ANTIQUE.

(Orgya antiqua, Dup.)

La chenille du Bombyx antique n'est pas rare dans les jardins. Elle vit sur le poirier, le pommier, le prunier, l'abricotier et sur le chêne, se nourrissant des feuilles de ces arbres ; elle se tient isolée et ne cause de dommage sensible que dans le cas où il s'en trouve plusieurs sur le même arbre ; elle est d'un gris-cendré, avec des tubercules rouges d'où s'élèvent des poils grisâtres entremélés

de poils noirâtres; elle a quatre brosses jaunes ou blanches alignées sur une bande noire qui couvre le dos des 3e, 4e, 5e et 6e
anneaux; elle offre en outre cinq aigrettes noirâtres, savoir : deux
sur le cou, une sur chaque côté du corps vis-à-vis la deuxième
brosse, la cinquième plus longue penchée vers l'anus sur le onzième anneau : les deux vésicules de l'arrière du dos sont rouges et
toutes les pattes sont jaunâtres ; le ventre est d'une couleur livide.
Elle se transforme en chrysalide aux mêmes époques que celles du
Bombyx gonostigma, c'est-à dire à la fin du mois de juillet. Sa
coque est lâche, tantôt d'un gris jaunâtre, tantôt d'un gris blanchâtre, d'un tissu mince et mou dans lequel elle fait entrer les
poils de son corps; elle la fabrique vers la fin de juillet et
l'attache contre une feuille de l'arbre sur lequel elle a vécu ; peu
de jours après elle se change en chrysalide d'un noir-brun luisant,
avec les incisions ferrugineuses et des poils cendrés ; la chrysalide
du mâle est plus petite que celle de la femelle ; elle a 11 mil. de
long; celle de la femelle en a 14 et est plus grosse; cette chrysalide porte une tache blanchâtre sur le dos de chacun des trois
anneaux antérieurs et son anus se termine par une pointe aiguë.

Le papillon éclôt vers le milieu du mois d'août, d'après les observation de De Geer. Il se classe dans le même genre que le précédent auquel il ressemble par la taille, la forme et les mœurs. Son
nom entomologique est *Orgya antiqua* et son nom vulgaire *Bombyx antique, Bombyx étoilé*.

16. *Orgya antiqua*, Dup. — Enverg. 26 mil. Les antennes ont la
tige jaunâtre et les barbes grisâtres : le dessus des ailes supérieures
est d'un brun-tanné-pâle, avec deux bandes obscures, transverses,
sinuées, dont la postérieure beaucoup plus large est terminée à l'angle interne par une lunule très-blanche ; la frange du bord postérieur est en outre chargée d'une série de points noirâtres; le dessus des inférieures est un peu plus gai que celui des supérieures,
avec la frange d'un jaune-pâle; le dessous des quatre ailes est
d'un jaune roussâtre; le corps est à peu près du même ton que le
dessus des ailes supérieures.

La femelle est d'un gris-jaunâtre, avec les antennes, le dos, et les pattes cendrées; elle n'a que des moignons d'ailes très courts et le corps gros, ovoïde. Les œufs qu'elle pond ont la forme d'un godet, la couleur gris de perle et présentent un point et un cercle obscur.

Pour se débarrasser de ce Lépidoptère il faut chercher sa chenille sur les arbres et sa femelle qui se tient appliquée contre la tige ou les branches.

On a observé que la *Caroelia amphion*, décrite à l'article du Bombyx pudibond, pond ses œufs sur le corps des chenilles du Bombyx antique.

16. — LE BOMBYX DU PRUNIER.

(*Lasiocampa pruni*, Dup.)

Ce papillon habite les jardins fruitiers, les pépinières, les endroits plantés d'ormes, car sa chenille vit sur le prunier cultivé, le poirier, le pommier, l'orme, etc. Elle reste isolée pendant toute sa vie et ne cause de dégâts bien sensibles que dans les cas où il s'en trouve plusieurs sur le même arbre. Comme elle est d'une forte taille et qu'elle mange beaucoup, ses ravages deviennent très apparents et l'on peut alors la chercher pour la tuer.

Dans son jeune âge comme dans l'âge adulte elle est d'un gris-cendré ou d'un gris-rougeâtre, avec le dos longé par deux raies bleuâtres bordées de jaune obscur; le derrière des anneaux de son dos, à partir du deuxième jusqu'au neuvième inclusivement, offre deux taches blanchâtres plus ou moins apparentes, et les stigmates sont blanc-jaunâtre, avec le pourtour noir. Cette chenille n'a qu'un collier, qui est aurore et terminé à chaque bout par du bleu-barbeau; son ventre est gris, avec une bande noire longitudinale; les six pattes écailleuses sont noirâtres, les huit premières pattes membraneuses d'un brun-tanné, les deux dernières de la couleur du corps ; la tête présente à sa partie postérieure une tache soufrée et il y a sur le onzième anneau une caroncule bifide.

Parvenue à toute sa taille à la fin de mai, elle se construit une coque assez ferme de soie d'un jaune pâle, d'une forme allongée qu'elle place presque toujours entre des feuilles. Elle se change en chrysalide dans le courant de juin, et le papillon éclôt ordinairement trois semaines après.

La chrysalide est d'un noir luisant, avec les anneaux de l'abdomen et les poils de l'anus ferrugineux.

Le papillon est classé dans la famille des Nocturnes, la tribu des Bombycides, la sous-tribu des Lasiocampides et le genre *Lasiocampa*. Son nom entomologique est *Lasiocampa pruni* et son nom vulgaire *Bombyx du prunier*.

17. *Lasiocampa pruni*, Dup. — Enverg. 55 à 60 mil. Les antennes ont la tige rougeâtre et les barbes jaunâtres ; les palpes sont d'un ferrugineux violâtre, réunies, prolongés en une sorte de bec ; le dessus des ailes supérieures est d'un jaune fauve, avec deux lignes transverses et le bord terminal ferrugineux ; la ligne antérieure est très arquée, la ligne postérieure flexueuse et il y a entre l'une et l'autre un gros point blanc presque central, puis une ligne noirâtre un peu courbe descendant obliquement de la côte au bord interne, bord dont le milieu est glacé de violâtre jusqu'à la troisième nervure inclusivement; le dessus des inférieures est d'un rouge briqueté-clair, avec environ le 1/3 postérieur, moins la tranche du bord, un peu plus pâle ; le dessous des quatre ailes est d'un jaune rougeâtre-sale, avec deux lignes communes et le bord postérieur d'un brun-obscur ; le corps est d'un rouge briqueté, avec le devant du corselet, la poitrine, le ventre et les pattes d'un ferrugineux violâtre.

Les deux sexes se ressemblent, seulement la femelle a l'abdomen plus gros et les antennes moins pectinées.

17. — LA CALLIMORPHE CHINÉE.

(*Callimorpha hera*, Dup.)

La chenille de ce Lépidoptère vit sur le pommier, le groseillier, le framboisier, la laitue et sur d'autres plantes, mais celle qu'elle préfère est la cynoglosse officinale. On la trouve dès le mois de mai. Elle vit isolément en rongeant les feuilles et ne cause pas de dégâts sensibles; elle n'est pas commune dans les environs de Santigny. Elle est d'un brun-noirâtre avec des tubercules roux sur lesquels sont implantés des poils grisâtres, courts. Elle a trois bandes maculaires et longitudinales, dont une fauve sur le dos et une d'un jaune-pâle sur chacun des côtés. Sa tête est d'un noir luisant, avec une double tache jaune entre les mandibules. Ses stigmates sont d'un noir-foncé. Son ventre et ses pattes membraneuses sont jaunâtres et ses pattes écailleuses sont noires marquées de jaune. Elle marche avec vitesse et se roule un peu quand on la tient. Elle se change en chrysalide dans un léger réseau grisâtre. Cette chrysalide est d'un brun-marron avec une touffe de crochets à l'anus.

Le papillon en sort au bout de 10 à 12 jours. Pendant la canicule il vole rapidement en plein soleil et butine sur les fleurs des chardons. Il se classe dans la famille des Nocturnes, la tribu des Bombycides, la sous-tribu des Chélonides et le genre *Callimorpha*. Son nom entomologique est *Callimorpha hera* et son nom vulgaire *Callimorphe chinée, Phalène chinée*.

18. *Callimorpha hera*, Dup. — Enverg. 54 à 60 mil. Les antennes sont filiformes d'un brun-noirâtre; la trompe est longue et ferrugineuse; le front est d'un jaune-paille marqué d'un point noir; le corselet est d'un noir-verdâtre, avec deux lignes longitudinales et les bords des épaulettes d'un jaune-paille; le dessus des ailes supérieures est d'un noir glacé de vert, avec deux traits basilaires, deux bandes obliques, une liture costale et tout le bord interne d'un jaune-paille; la bande postérieure représente une Y dont la queue flexueuse est souillée d'un peu de fauve et marquée de trois

ou quatre points noirs inégaux ; la frange du bord est entrecoupée de
jaune vers le sommet; le dessus des ailes inférieures est d'un rouge
écarlate avec la frange jaunâtre et quatre taches noires dont une orbiculaire sur le disque, une réniforme vers le milieu du bord postérieur, la troisième oblongue faisant face au sommet et adhérant
presque à la quatrième qui est petite et marginale ; le dessous des
supérieures est rouge depuis la base jusqu'au milieu, avec deux
bandes pareilles à celles du dessus, mais plus foncées et séparées
par des taches noires contiguës; il est d'un jaune roussâtre à l'extrémité, avec quatre taches blanches dont l'antérieure solitaire, les
trois autres alignées transversalement vis-à-vis du sommet; le
dessous des inférieures est d'un rouge pâle et terne, avec une seule
tache noire répondant à la tache réniforme de la surface opposée;
l'abdomen est d'un jaune-rougeâtre en dessus, d'un jaune-blan-
châtre en dessous, avec quatre rangées longitudinales de points
noirs, savoir : une sur le dos, une sur chaque côté et une sur le
ventre; les jambes et les palpes sont entrecoupés de noir.

On n'a pas encore signalé les parasites de la chenille de la Callimorphe chinée.

18, 19, 20. — LES TORDEUSES DES ARBRES FRUITIERS.

(*Tortrix riblana*, Dup. — *cerasana*, Dup. — *cecheana*, Dup.)

Le petit traité des *Insectes nuisibles aux arbres fruitiers*, etc.,
et son *supplément* font connaître plusieurs petits Lépidoptères de
la tribu des Tordeuses, dont les chenilles lient en paquets les feuilles
des arbres fruitiers pour se créer un logement où elles trouvent
à la fois le couvert, la nourriture et la tranquillité. Outre ces espèces, il en existe d'autres de la même tribu qui usent d'un semblable procédé pour vivre et se conserver, que l'on rencontre aussi
dans les jardins et les vergers et qu'il est intéressant de connaître.
Ces espèces ont été assez communes à Santigny en 1863 et je vais
rapporter ce que l'observation m'a appris sur chacune d'elles.

19. *Tortrix ribeana*, Dup. — Longueur 12 mil. (ailes pliées). Elle est d'un jaune d'ocre pâle. Les antennes sont jaunâtres et dépassent l'extrémité du corselet; la tête et les palpes sont d'un jaune-d'ocre; le deuxième article de ceux-ci est triangulaire et le troisième très petit et nu, en forme de bouton; le corselet est de la couleur générale; les ailes supérieures sont élargies aux épaules, arrondies à la côte, un peu flexueuses au bord postérieur, d'un jaune-d'ocre, avec une bande transversale plus foncée à la base, parcourue par trois raies flexueuses, parallèles, de couleur d'ocre-brunâtre, dont la troisième sert de limite à la bande; une deuxième bande au milieu transversale et oblique, de la même nuance que la première, bordée par une ligne d'ocre-brunâtre de chaque côté, s'éclaircissant en approchant du bord interne de l'aile; une raie d'ocre-brun transversale et oblique, parallèle à la troisième bande, s'effaçant avant d'atteindre le bord interne; quelques points ou petites taches entre cette raie et la frange qui est d'un ocre-brun; les ailes inférieures sont lavées de noir très-clair; l'abdomen est d'un gris-jaunâtre en dessus; le dessous du corps et les pattes sont d'un blanc-jaunâtre.

La chenille vit entre des feuilles de poirier réunies entre elles sans être déformées. On la trouve dans son nid à l'époque du 15 mai. Elle a alors 17 mil. de long. Elle est de forme cylindrique; sa tête est verte, marquetée de quelques taches noires, très petites, irrégulières, placées sur la région postérieure; le deuxième article de ses petites antennes est noir, les premier et troisième sont verts; le corps est entièrement vert; on y distingue, en regardant attentivement, des points verruqueux plats d'un vert plus pâle, peu différent du ton général, desquels sort un poil; les pattes sont au nombre de seize, dont les six thoraciques sont noires et les dix abdominales vertes.

Parvenue à toute sa taille peu de temps après le 15 mai, elle se change en chrysalide dans son habitation dont le papillon sort le 4 juin. Pour faciliter son éclosion, la chrysalide, dont le dos est armé de spinules, se pousse en avant et sort à moitié de sa retraite.

20. *Tortrix cerasana*, Dup. — Longueur 10 mil (ailes pliées). Les antennes sont filiformes, d'un blanc-jaunâtre; moins longues que le corps; les palpes sont de la même couleur, comprimés, garnis d'écailles, à deuxième article triangulaire et troisième article très petit, nu, en forme de bouton; les ailes supérieures sont élargies à la base, arrondies à la côte, sinuées au bord postérieur, avec l'angle du sommet un peu saillant, d'un jaune-d'ocre-pâle, marquées d'une raie transversale oblique, noirâtre vers la base; d'une bande transversale oblique noirâtre vers le milieu, un peu plus large au bord interne qu'à la côte, avec une éclaircie jaunâtre; l'espace compris entre la raie et la bande est d'une teinte noirâtre qui va en s'éclaircissant depuis le bord intérieur jusque près de la côte; l'extrémité de l'aile présente quelques points bruns formant des linéoles irrégulières; la frange est brune; les ailes inférieures sont noirâtres le long du bord extérieur; l'abdomen est noirâtre en dessus, jaunâtre en dessous; la poitrine et les pattes sont de cette dernière couleur ainsi que le dessous des ailes inférieures; le dessous des supérieures est noirâtre au milieu et d'un blanc-jaunâtre tout autour.

La chenille se trouve, vers le 8 mai, dans une feuille de poirier pliée en deux, dont elle ronge les surfaces en contact avec elle. Elle est très vive et s'agite continuellement lorsqu'elle sent l'impression de l'air et de la lumière. Elle est fluette, cylindrique, d'un blanc légèrement vert; la tête est blanchâtre dans sa jeunesse; elle devient ensuite d'un brun-noirâtre; le corps porte des petits points noirs de chacun desquels sort un poil; le premier segment présente un écusson noirâtre; les pattes écailleuses sont de cette dernière couleur; elle se change en chrysalide dans son berceau; cette chrysalide est d'un jaune-testacé; elle porte une double couronne de spinules sur le dos des segments de son abdomen; le papillon éclôt le 17 juin. Pour faciliter sa sortie, la chrysalide se pousse en avant et sort elle-même de son gîte jusqu'au milieu du corps.

21. *Tortrix (Ptycholoma) lecheana*, Dup. — Longueur 11 mil (ailes pliées). La tête est d'un jaune-d'ocre foncé; les palpes sont

de la même couleur, relevés, et serrés contre le front; le deuxième
article n'est pas dilaté en triangle ; le troisième est petit, nu, saillant; les yeux sont verdâtres en devant, noirs en arrière ; les antennes sont filiformes, de la longueur de la moitié du corps, noirâtres, à premier article jaune; le thorax est d'un jaune d'ocre
brun; les ailes supérieures sont dilatées à la base, arrondies à la
côte, terminées un peu obliquement, de la même couleur que le
corselet, traversées par quatre raies argentées ; la première à la
racine de l'aile, peu visible, la deuxième avant le milieu, arquée;
la troisième au-delà du milieu, oblique ; la quatrième entre la troisième et le bord postérieur, réduite presqu'à un point ; la frange
est d'un ocre plus clair ; les ailes inférieures sont noires, avec la
frange jaune-pâle ; le dessous des quatres ailes, l'abdomen et les
pattes sont noirâtres ; les tibias antérieurs et les tarses sont couleur d'ocre-brun ; les épines des tibias postérieurs sont d'un blanc-
jaunâtre.

On trouve la chenille de cette espèce vers le 8 mai sur une
feuille de poirier pliée en deux, mais dont les deux parties ne sont
pas exactement appliquées l'une contre l'autre ; elles forment une
espèce de tuyau longitudinal obtenu en attachant l'un des bords
à la nervure médiane. La chenille logée dans ce tuyau est fusiforme, longue de 12 à 15 mil., selon son extension ; elle est d'un vert-
foncé en dessus ; les deux premiers segments, les côtés, le dessous
et les pattes sont d'un vert-tendre ; la tête est testacée, avec le labre et les mandibules noirs; le premier segment est d'un vert-clair
au milieu et noir de chaque côté; on voit, sur chaque segment,
excepté le premier, quatre points blancs pilifères disposés en trapèze,
comme on les remarque sur toutes les chenilles tordeuses ou
plieuses. Cette chenille sort quelquefois de son logement pour ronger la feuille à découvert, mais ses sorties sont de courte durée.
Elle se change en chrysalide dans son logement; cette chrysalide
est noire, ovo-conique, allongée, spinuleuse sur le dos des segments de l'abdomen ; elle sort à moitié de la feuille pour permettre
au papillon d'éclore sans froisser ses ailes. Ce dernier se montre
vers le 27 mai.

21. — LA PYRALE ROSERANE.

(*Cochylis roserana*, Dup.)

L'histoire de la *Pyrale roserane* est donnée dans le *Supplément* aux *Insectes nuisibles aux arbres fruitiers*, etc. On peut y voir qu'il n'est pas facile de se délivrer de ce petit insecte qui est parfois si nuisible aux raisins. Si nous reconnaissons à regret que nous n'avons guère d'action contre lui nous devons être satisfaits d'apprendre qu'il est la proie d'un parasite qui lui fait la guerre pour s'en nourrir et qui nous en délivre au bout de quelque temps. Cet ennemi est un petit Ichneumonien qui pond ses œufs dans le corps des chenilles de la Pyrale cachées dans la masse de débris qu'elles ont accumulés en rongeant les fleurs de la vigne et qui leur sort d'abri contre la pluie, le vent et le soleil. Il n'en place qu'un dans la même chenille, cette proie étant suffisante à la larve qui en sort depuis sa naissance jusqu'au moment de sa transformation en chrysalide. Dès que cette larve a mangé toute la chenille, elle s'enferme dans un cocon de soie blanche placé dans le nid de cette dernière et l'insecte en sort sous sa forme parfaite à la fin du mois de juillet.

Il se classe dans la tribu des Ichneumoniens et dans le genre *Campoplex*. Son nom entomologique est *Campoplex difformis*, Grav.

7. *Campoplex difformis*, Grav. — Longueur. 5 mil (sans la tarière). Il est noir. Les antennes sont noires, filiformes, moins longues que le corps, arquées à l'extrémité; la tête est noire; le labre et les palpes sont testacés; le thorax est ovalaire, noir, de la largeur de la tête, l'écusson arrondi à l'extrémité; le métathorax arrondi, avec une impression médiane en arrière; l'abdomen est noir, deux fois aussi long que la tête et le thorax, comprimé dans sa partie postérieure, à premier segment formant un pédicule relevé, renflé à son extrémité, les autres segments présentant un triangle, vus de côté; le dessous est blanchâtre à partir du pédicule; les pattes sont fauves; les hanches noires, ainsi que les tro-

chanters postérieurs; les ailes sont hyalines, plus courtes que l'abdomen, à nervures et stigma noirs; la base des supérieures et l'é-
caille alaire sont jaunâtres; l'aréole est petite, triangulaire; la tarière est ascendante, de la moitié de la longueur de l'abdomen.

La Pyrale roserane a été plus commune à Santigny en 1864,
ainsi que je l'avais prévu, qu'en 1863, et a causé, en grande partie, l'accident appelé *coulure* par les vignerons. Les raisins ont
très bien fleuri, mais une partie seulement des grains ont noué; les
les autres ont *coulé* Ces derniers sont ceux qui ont été dévorés
par la chenille de la Pyrale. Les pluies froides au moment de la
floraison peuvent contribuer à cet accident, mais elles n'en sont
pas l'unique cause, comme on le croit généralement. La Pyrale y
contribue pour une bonne part.

———

22. — LA PYRALE DE WŒBER.

(*Carpocapsa wœberiana*, Dup)

La Pyrale de Wœber, suivant Duponchel, est moins commune
en France qu'en Allemagne. Je n'ai pas eu l'occasion de la rencon-
trer et d'observer ses habitudes ainsi que celles de sa chenille, et je
puise dans l'ouvrage de cet entomologiste sur les papillons de
France les renseignements suivants : La chenille est d'un vert-jaunâtre, avec la tête brune et des poils clairsemés sur tout le corps.
Elle vit aux dépens de la sève de plusieurs arbres fruitiers, cerisier, abricotier, amandier. Elle se tient entre l'écorce et l'aubier où
elle creuse des galeries cylindriques. La poussière qui s'en échappe
à l'intérieur sert à trahir sa présence. Elle occasionne souvent des
extravasations de sève qui nuisent à l'arbre et des excroissances
qui occasionnent la mort de l'écorce. Sa transformation en chrysalide a lieu dans l'endroit où elle a vécu. Cette chrysalide passe l'hiver, et le papillon n'en sort ordinairement que dans les premiers
jours de juillet.

Il se classe dans la famille des Nocturnes, la tribu des Tordeuses et dans le genre *carpocapsa*. Son nom entomologique est *Carpocapsa wœberiana*, et son nom vulgaire *Pyrale de Wœber*. On pourrait encore l'appeler *Pyrale sous-corticale*.

23. *Carpocapsa wœberiana*, Dup. — Enverg. 14 à 16 mil. Les antennes sont filiformes, noirâtres; la tête est brune, avec les palpes fauves; le corselet est brun, avec le collier et les épaulettes bordés de fauve; le fond des ailes supérieures, en dessus, est d'un fauve doré, réticulé de brun et traversé au milieu par deux lignes anguleuses métalliques d'un bleu-d'acier; à leur extrémité inférieure on voit un écusson formé par un cercle de cette dernière couleur, bordé de noir extérieurement, dont le milieu est occupé par quatre petits traits noirs, parallèles dans le sens des nervures; la côte est brune, marquée de six ou sept points blancs; la frange est noirâtre, interrompue par deux lignes blanches qui la partagent en trois parties égales; le dessus des ailes inférieures est d'un brun-noirâtre, ainsi que le dessous des quatre ailes; l'abdomen est de la couleur des ailes inférieures.

—

23. — **LA TEIGNE A DAIS DU POIRIER.**

(*Swammerdamia pyri*. St.)

Le nom générique de ce petit Lépidoptère étant long et assez difficile à prononcer pour une bouche française, j'ai cherché, pour la désigner, un nom vulgaire ayant quelque analogie avec ses habitudes, et j'ai adopté celui de *Teigne à dais*, qui se rapporte à sa chenille que l'on trouve sur les feuilles des poiriers et des pommiers dans les jardins.

Vers le 1er juillet on voit sur la surface supérieure de ces feuilles une petite chenille qui se tient sous une toile de soie blanche très fine, très claire et transparente. Elle a tendu cette toile d'un bord à l'autre ou d'un bord à une ligne tracée entre l'autre bord et la

4

nervure médiane, de manière à faire courber légèrement la feuille, à la rendre concave en dessus. Placée sous cette toile, comme sous un dais ou un poêle, elle ne se tient pas immédiatement sur la surface de la feuille; elle tend des fils au-dessus et très près de cette surface; elle fait une sorte de toile extrêmement claire sur laquelle elle se place étendue de tout son long. De cette position elle broute la surface supérieure de la feuille pour se nourrir, en ayant soin de ménager la membrane inférieure. Les parties attaquées sont réduites en une dentelle formée par les mailles de cette pellicule.

Parvenue à toute sa taille, cette chenille a 7 à 8 mil. de long. Elle est fluette, cylindrique, de couleur jaune, avec deux raies latérales d'un rouge-brun s'étendant dans toute sa longueur et une transversale de la même couleur sur le milieu de chaque anneau. La tête est blanchâtre et porte une grande tache noire de chaque côté. Elle est pourvue de seize pattes.

Vers le 4 juillet elle quitte la feuille sur laquelle elle a vécu et va chercher dans le voisinage un lieu propice à sa transformation. Elle s'y renferme dans un cocon de soie blanche de forme ovale, d'où le papillon sort vers le 23 juillet. Ce petit Lépidoptère n'a rien de remarquable par les couleurs, mais son attitude dans le repos est singulière : il tient sa tête appuyée sur le plan de position et son derrière relevé; il fait un angle aigu avec ce plan dont la tête occupe le sommet.

Il se classe dans la tribu des Tinéites et dans le genre *Swammerdamia* formé de nom de Swammerdam, célèbre entomologiste hollandais du XVIIe siècle. Le nom entomologique de cette espèce est *Swammerdamia pyri* et son nom vulgaire *Teigne à dais du poirier*.

24. *Swammerdamia pyri*, St.—Long. 5 mil. (ailes pliées). Elle est d'un gris-noirâtre. Les antennes sont filiformes, de la moitié de la longueur du corps, annelées de blanc et de noir; la tête est blanche; les palpes sont gris, peu épais, relevés contre la face, s'élevant à peine à la hauteur du vertex; les yeux sont noirs, grands et ronds; la trompe est membraneuse; le corselet est gris noirâ-

tre; les ailes sont posées sur le corps en toit arrondi au sommet
et relevées à l'extrémité en queue de coq; les supérieures sont
étroites, allongées, terminées obliquement, d'un gris noirâtre, avec
une tache noire mal limitée au bord interne et le bord postérieur
d'un gris foncé, la frange est noire; les inférieures sont d'un gris-
noirâtre, à frange grise; l'abdomen, le dessous du corps et les
pattes sont gris.

On n'a pas encore observé les parasites de cette espèce qui est
peu nuisible lorsqu'elle n'existe qu'en petit nombre, mais qui peut
le devenir si elle se multiplie en nombre prodigieux. Comme il est
facile de remarquer sa chenille sur les feuilles des poiriers et des
pommiers pendant le mois de juin, on pourra la détruire si on veut
en prendre la peine.

—

24. — LA MINEUSE DES FEUILLES DE POMMIER.
(*Cemiostoma scitella*, St.)

On lit dans le supplément au petit traité des *Insectes nuisibles
aux arbres fruitiers, aux plantes potagères*, etc., que la chenille
de la *Cemiostoma scitella* cause peu de dommage aux pommiers, ce
qui est très vrai lorsqu'elle est peu nombreuse, mais il n'en est pas
ainsi lorsqu'elle est extraordinairement multipliée comme elle l'a
été à Santigny pendant l'été de 1863. On voyait alors presque toutes les feuilles des pommiers nains et des jeunes quenouilles de
poirier couvertes de taches noires plus ou moins grandes : les unes
n'en présentaient qu'une seule, d'autres en montraient deux ou
trois et même un plus grand nombre. On ne peut douter que les
arbres ne se ressentissent de l'altération d'un organe aussi essen-
tiel à leur santé et à leur croissance que le sont les feuilles. Cette
petite chenille était extraordinairement multipliée et on la rencon-
trait tout aussi fréquemment dans les feuilles d'aubépine des haies
vives des prés et des champs, que dans celles des poiriers et des
pommiers des jardins.

La nature, qui vient au secours de l'homme quand il est néces-saire, a envoyé des parasites qui ont commencé la destruction de cette petite espèce nuisible et qui l'auront bientôt ramenée à ses proportions normales. Le premier de ces parasites s'est montré le 20 juillet. C'est un petit Ichneumonien de la sous-tribu des Braconites et du genre *Microgaster*. La larve d'où il est sorti a vécu so-litaire dans le corps de la chenille de la *Cemiostoma* et l'a complé-tement dévorée. Ce petit Braconite me paraît se rapporter à l'espèce appelée *albipennis* par Nées d'Esembeck.

8. *Microgaster albipennis*, N. de E. — Long. 2 1/4 mil. Il est entièrement noir, luisant. Les antennes sont noires, filiformes, un peu épaisses et plus longues que le corps; les palpes sont blan-châtres; la tête, le thorax, l'abdomen sont noirs luisants; ce der-nier est subsessile, de la longueur du thorax, à premier segment bordé sur les côtés, strié au milieu; le second est marqué d'une ligne transversale enfoncée au milieu; les pattes sont noires, avec la base des tibias postérieurs blanchâtre; les ailes sont blanches, à stigma triangulaire gris; les nervures sont presque effacées, excepté celle qui descend de la première cellule cubitale; ces dernières sont au nombre de deux.

Le second des parasites s'est montré le 24 juillet. C'est un petit Chalcidite d'une couleur verte dorée brillante, dont les antennes sont composées de sept articles et dont l'abdomen, subpédiculé, est plus court que le thorax. Il fait partie du genre *Eulophus*, N. d. E., qui a été divisé en plusieurs autres. Il me paraît entrer dans celui d'*Entedon* et n'est pas décrit dans les *Pteromalini* de Nées d'Esembeck. Je lui donnerai le nom provisoire de *punctatus*.

9. *Entedon punctatus*, E. — Long. 2 mil. Il est d'un beau vert un peu doré, brillant. Les antennes sont noires, filiformes, composées de sept articles: le premier long, inséré au bas de la face; le deu-xième court; le troisième un peu plus long que chacun des sui-vants, le dernier étant, peut-être, formé de deux anneaux soudés et terminé en pointe; la tête est verte, ponctuée, presque aussi lon-gue que large; le thorax est de la largeur de la tête, ovoïde, d'un

vert-doré brillant, à ponctuation forte et serrée; l'abdomen est subpédiculé, ovalaire, de la largeur du thorax, un peu moins long que ce dernier, lisse, luisant, vert, finement pointillé; les pattes sont blanches; les ailes hyalines dépassent à peine l'extrémité de l'abdomen; la nervure sous-costale est réunie à la côte sur plus du 1/3 de la longueur de celle-ci; la côte est ciliée.

Je suppose que cet individu, dont l'abdomen est presque orbiculaire, est un mâle dont la femelle ne s'est pas montrée.

---

25. — LA TEIGNE A FOURREAU DU POIRIER.
(*Coleophora hemerobiella*, St.)

L'histoire de la Teigne à fourreau du poirier se trouve dans le supplément au traité des *Insectes nuisibles*, etc. et si je reviens sur ce Microlépidoptère, c'est pour faire connaître ses parasites, qui n'avaient pas encore été signalés lorsque le supplément a paru. Il est d'autant plus utile de décrire les parasites des insectes nuisibles qu'ils sont le moyen le plus sûr de nous délivrer de leur présence. Il est vrai que ce moyen, fourni par la nature, n'est pas à notre disposition au moment même où nous serions disposés à le réclamer; mais en observant et en remarquant la présence de ces insectes nous pouvons être certains que les insectes nuisibles vont momentanément disparaître ou diminuer très sensiblement en nombre.

La chenille de la *Coleophora hemerobiella*, qui se tient constamment dans un tuyau cylindrique, noir, qu'elle transporte partout où elle veut aller, a été assez commune à Santigny pendant l'été de 1863. On la voyait en grand nombre sur les feuilles des poiriers et des pommiers dans les jardins. Elle a été atteinte par deux parasites de la tribu des Ichneumoniens dont les larves ont vécu dans les tuyaux et dans le corps des chenilles qui les habitaient. La femelle de ces parasites perce le fourreau avec sa tarière et introduit un œuf dans le corps de la chenille. La larve sortie de l'œuf suce la chenille intérieurement et finit par la dévorer en entier, puis elle se change en chrysalide et ensuite en insecte parfait qui perce un trou dans le fourreau pour sortir et se mettre en liberté Ce trou est situé un peu au-delà du milieu du côté du bout postérieur du tuyau.

Le premier de ces parasites s'est montré le 11 juin. C'est un Ichneumonien qui me paraît se rapporter au genre *Hemiteles* et qui ressemble beaucoup à l'espèce appelée *Similis* par Gravenhorst, laquelle a plusieurs variétés. Cette assimilation n'étant pas bien certaine, je ne la présente qu'avec doute.

10. *Hemiteles similis.* Grav. — Long. 5 mil. Les antennes sont noires, filiformes, de la longueur du corps, courbées à l'extrémité ; la tête est noire, transverse, un peu échancrée en arrière ; le thorax est noir, ovalaire ; le méthathorax arrondi, avec des stries saillantes à la partie postérieure ; l'abdomen est noir, plus long que la tête et le thorax (une fois et demie aussi long) ; le premier segment est aminci en pédicule court, arqué, élargi à l'extrémité ; les autres, vus en dessus, forment un ovale ; vus de côté présentent un triangle dont la base est à l'extrémité ; les pattes sont fauves ; les hanches et les trochanters, noirs ; ceux-ci tachés de fauve à la base ; les cuisses portent en dessus une raie noire commençant près de la base et s'étendant jusqu'au milieu ; l'extrémité des tibias postérieurs et les tarses sont bruns ; les ailes sont hyalines, de la longueur de l'abdomen ; les supérieures sont pourvues d'une cellule radiale lancéolée ; d'une aréole petite, subpentagonale, ouverte du côté du bord de l'aile ; la tarière est de la longueur du quart de l'abdomen.

Le second parasite a paru le 26 juin. Il est privé d'ailes et ressemble au premier coup d'œil à une fourmi ; mais il est réellement un Ichneumonien du genre *Pezomachus*, qui me paraît se rapporter à l'espèce appelée *Agilis* par Gravenhorst ou à l'une de ses nombreuses variétés.

11. *Pezomachus agilis ?* Grav. — Long. 5 mil. Il est noir. Les antennes sont noires, filiformes, de la longueur du corps ; la tête

est transverse, plus large que le thorax ; celui-ci est noir et porte une suture transversale au milieu, qui semble le diviser en deux segments ; l'abdomen est noir, ovalaire, de la longueur de la tête et du thorax, à pédicule conique arqué ; les pattes sont noires, avec les genoux et le milieu des tibias d'un fauve-brun ; la tarière est très courte.

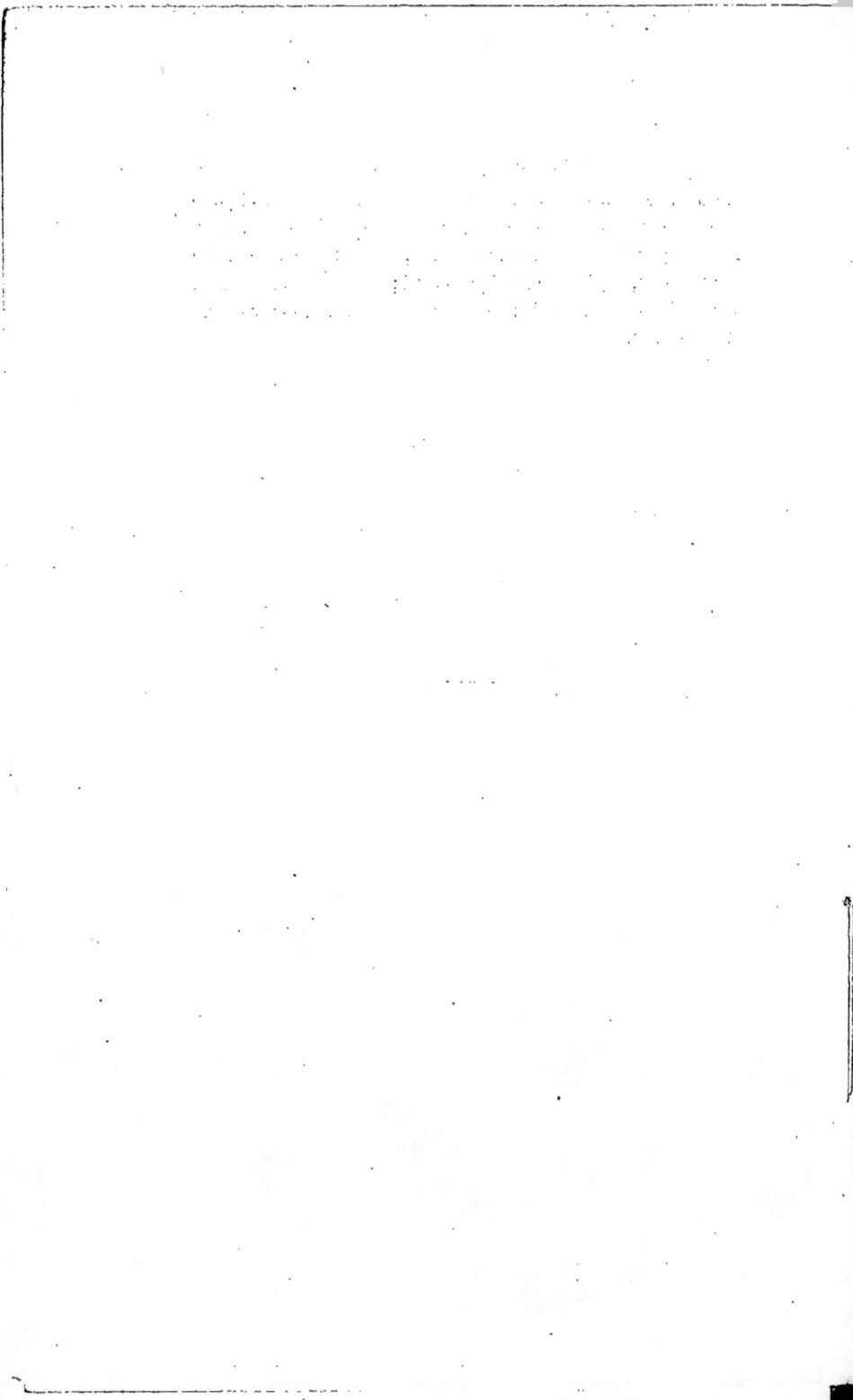

—

INSECTES NUISIBLES AUX PLANTES POTAGÈRES,

INDUSTRIELLES ET ÉCONOMIQUES.

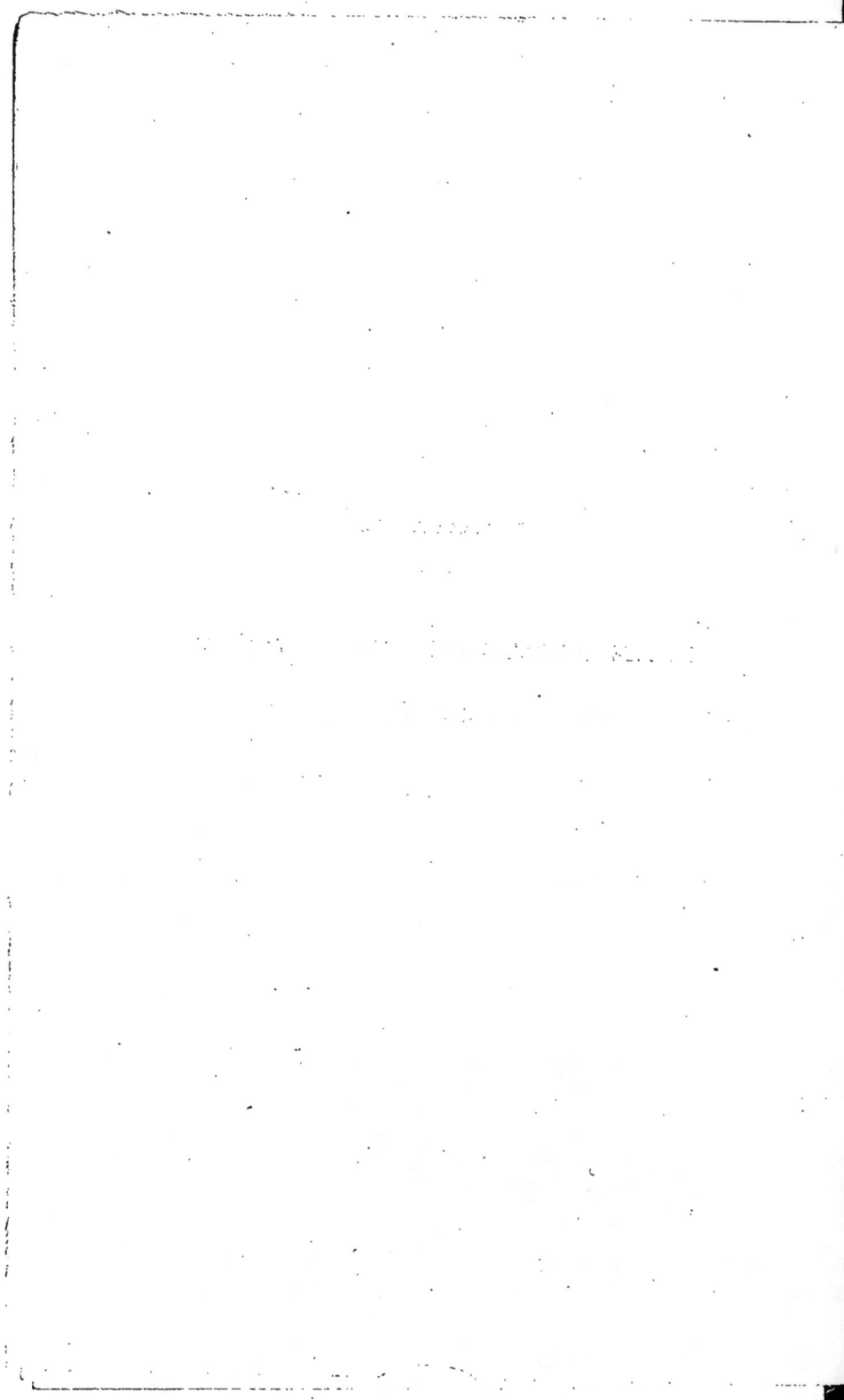

DEUXIÈME PARTIE.

Insectes nuisibles aux Plantes potagères, industrielles et économiques.

___

26. — LE RONGEUR DE LA TRUFFE.
(*Anisotoma cinnamomea*, Fab.)

Je n'ai aucun renseignement précis sur les premiers états de ce petit coléoptère. Je ne sais dans quel lieu sa larve se tient, ni de quelle substance elle se nourrit, ni quelle est sa forme. Je conjecture qu'elle vit dans la truffe et qu'elle y prend tout son accroissement. Si je parle de l'insecte, c'est parce qu'on le trouve dans ce tubercule estimé des gastronomes et d'un prix élevé, et que tout ce qui tend à l'altérer et à le détruire mérite d'être connu. A son état parfait il ronge la truffe pour se nourrir et y creuse des trous profond dans lesquels il se tient et où il passe l'hiver. Dans certaines années on l'y trouve assez abondamment pendant le mois de novembre. Sur la fin de janvier j'ai rencontré un mâle et une femelle dans la même excavation où ils étaient à moitié engourdis. Ce fait porte à conjecturer que cette dernière pond un ou plusieurs œufs au fond de cette galerie et que les larves qui en sortent se nourrissent de la substance du tubercule qui passe l'hiver dans là terre et qui y demeure pendant le printemps et une partie de l'été. Cette conjecture explique pourquoi on ne voit pas les larves du rongeur dans les truffes récoltées à la fin de l'été et en automne et pourquoi on y voit le rongeur lui-même. Ce dernier n'altère pas la qualité de la truffe; elle reste parfaitement saine autour du trou qu'il y creuse et on peut s'en servir pour la cuisine sans aucun scrupule. Il n'est pas, à beaucoup près, aussi nuisible que certains insectes, dont on parlera plus loin, dont la présence amène promptement l'altération et la putréfaction de ce tubercule.

Ce petit Coléoptère appartient à la famille des Taxicornes, à la tribu des Diapériales et au genre *Anisotoma*. Son nom entomologique est *Anisotoma cinnamomea*, Fab., et son nom vulgaire *Rongeur de la truffe, Anisotome canelle.*

26. *Anisotoma cinnamomea*, Fab.—Long. 5 mil. Il est ovale, d'un roux ferrugineux uniforme. Les antennes sont composées de onze articles dont les cinq derniers forment une massue allongée, perfoliée et dont le deuxième de la massue est très petit; les cinq premiers sont ferrugineux et les six derniers noirs; la tête est ferrugineuse, luisante, avec les yeux et l'extrémité des mandibules noirs; elle est large et ponctuée; le corselet est plus large que la tête, transversal, échancré en devant, élargi en arrière, convexe en dessus, arrondi sur les côtés, ponctué, d'un ferrugineux brillant; on voit une ligne enfoncée, ponctuée le long du bord postérieur, interrompue en dessus; l'écusson est petit, triangulaire, de la couleur du corselet; les élytres sont de la largeur du corselet à la base, ovales, convexes, arrondies en arrière, deux fois aussi longues que le corselet, d'un ferrugineux luisant à stries fines de points; les pattes sont ferrugineuses, avec les cuisses postérieures renflées, bidentées en dessous, et les tibias attenants longs, arqués, terminés par deux épines et garnis de quelques spinules au bord postérieur.

La femelle est semblable au mâle; mais ses cuisses postérieures n'ont pas d'épines en dessous, et ses tibias sont droits et plus courts.

On doit visiter les truffes que l'on achète et en retirer tous les insectes qu'on découvre dans les cavités qu'ils y ont pratiquées.

On ne connaît ni les ennemis ni les parasites de cet insecte.

27. — L'APION DE L'OSEILLE.

(Apion violaceum, Schœn.)

L'Oseille que l'on cultive dans les jardins pour l'usage de la cuisine (*acetosa pratensis*) commence à monter en tige pour fleurir vers le 24 juin, jour de la Saint Jean, et dans beaucoup de villages on la coupe entièrement ce jour là afin qu'elle repousse et ne monte plus à graine le reste de l'année. Si on examine les tiges coupées à cette époque et qu'on les fende longitudinalement pour en explorer l'intérieur on a bientôt découvert des petits vers blancs qui en rongent le cœur, qui creusent chacun une galerie dans la moëlle et se nourrissent des déblais qu'ils font. Ils se logent volontiers dans les nœuds d'où partent les feuilles et vivent isolément, chacun dans sa galerie, dans laquelle le ver se tient étendu en ligne droite et qu'il remplit par sa grosseur. Ces larves sont très petites; elles n'ont guère que 1 1/2 ou 2 mil. de long. Elles sont cylindriques, glabres, blanches, avec la tête ronde, en partie rentrée dans le premier segment du corps et d'une couleur blanchâtre. Les segments du corps sont représentés par des plis dont le nombre est difficile à apprécier. Si on retire cette larve de sa galerie, elle se plie en deux, en ramenant sa tête contre son extrémité postérieure et l'on juge alors, tant par sa forme que son attitude, qu'elle appartient à un curculionite. Elle croît rapidement, car vers le 8 juillet elle a atteint au moins 3 mil. de longueur et se dispose à son changement en chrysalide en se creusant une petite cellule à l'extrémité de sa galerie qui s'est rapprochée de la surface extérieure de la tige. C'est dans cette cellule qu'elle devient chrysalide, puis ensuite insecte parfait, qui prend son essor dès le 12 juillet. Pour sortir de la cellule il perce dans la tige un trou assez grand pour lui livrer passage.

Ce petit coléoptère est classé dans la famille des Rhyncophores ou Porte-bec, dans la tribu des Orthocères, la sous-tribu des Attélabites et dans le genre *Apion*. Son nom entomologique est *Apion violaceum* et son nom vulgaire *Apion de l'oseille*.

27. *Apion violaceum*, Schœn. — Long. 4 mil. (rostre compris). Les antennes sont noires, droites, terminées en massue et insérées au milieu du rostre ; celui-ci est cylindrique, un peu arqué, ponc- tué, noir, luisant; la tête est noire, ponctuée; le corselet est pres- que cylindrique, un peu plus étroit en devant qu'en arrière, coupé droit à la base et au sommet, fortement ponctué, et noir ; les ély- tres sont bleues, un peu plus larges que le corselet, trois fois aussi longues, obovées, arrondies à l'extrémité, fortement striées, les stries ponctuées, les intervalles saillants, arrondis, légèrement ru- gueux; les pattes et le corps sont noirs.

Ce petit insecte se développe aussi dans les tiges de la patience et s'y trouve à l'état parfait vers le 26 juillet.

Il est peu dangereux puisqu'il attaque les tiges d'oseille dont on ne se sert pas dans la cuisine et qu'il ne vit pas dans les feuilles. Si on voulait le combattre il suffirait de couper les tiges d'oseille aussitôt qu'elles commencent à s'élever et les détruire. Ses para- sites ne sont pas connus.

—

28. — LES CHARANÇONS DES TIGES DU CHOU.

(*Baris chlorizans*, Schœn.)

Depuis la publication du *Supplément aux Insectes nuisibles*, j'ai pu observer la manière de vivre du *Baris chlorizans* et appré- cier les dégàts qu'il produit dans les choux et je suis en état de donner sur cet insecte des détails que je ne connaissais pas à l'époque de l'impression de ce supplément.

Ce Curculionite se développe dans les tiges des choux cultivés dans les jardins et fait beaucoup de tort à cette plante lorsqu'il s'y trouve en grand nombre. Il se plait dans les choux à haute tige ap- pelés choux-cavaliers, choux-à-vache, sans négliger les autres es- pèces comme le chou-pommé, le chou-de-milan, etc. On y trouve ses larves au commencement du mois d'août déjà parvenues à toute leur taille. Elles creusent des galeries longitudinales dans la

tige, soit dans le cœur, soit dans la partie sous-ligneuse comprise
entre la moëlle et l'écorce. Elles se nourrissent de la partie succulente de leur déblai et laissent derrière elles les parties fibreuses
mêlées à leurs excréments. Les galeries sont droites, cylindriques
et commencent vers le bas de la tige pour s'élever vers le sommet.
Celles qui sont creusées dans le cœur ou la moëlle dévient quelquefois de leur direction primitive et ne sont pas remplies de fibres allongées comme celles qui sont pratiquées dans la partie
sous-ligneuse, mais des débris de la substance rongée. La larve se
tient droite dans sa galerie qui est un peu plus large qu'elle. Parvenue à toute sa croissance dans les premiers jours d'août, elle se
dispose à son changement en chrysalide en se creusant une cellule
ovale plus large que la galerie, qu'elle tapisse de fibres courtes,
tassées et pressées de manière à se faire une coque au centre de
laquelle elle se couche et reste immobile. Si la galerie dans laquelle
elle a vécu est centrale elle change brusquement de direction et
entre perpendiculairement dans la partie ligneuse pour établir sa
cellule et construire sa coque qui doit être tout près de l'écorce
afin que l'insecte parfait ait peu de travail à exécuter pour s'ouvrir
un passage et se mettre en liberté. Lorsqu'il y a cinq ou six larves
dans une tige, creusant des galeries dans la moëlle et dans l'enveloppe sous-ligneuse le chou languit, ne se développe pas comme à
l'ordinaire, ses feuilles jaunissent et il finit par mourir. On ne
trouve qu'une seule larve dans la même galerie qui se continue
sans interception depuis le bas de la tige jusqu'à la cellule, qui
termine son extrémité supérieure, et cette galerie est remplie de
fibres et de débris entassés et pressés.

La larve parvenue à toute sa taille a 4 mil. de long. Elle est cylindrique, atténuée aux deux extrémités, blanche, molle, glabre,
apode, formée de douze segments assez difficiles à compter à cause
des plis du dessus qui ne se raccordent pas exactement avec ceux
du dessous. La tête est ronde, plus petite que le premier segment
dans lequel elle peut en cacher la partie postérieure, d'un fauve
jaunâtre, avec le labre et les mandibules noirs.

L'insecte parfait commence à se montrer le 4 septembre et con-

tinue à paraître les jours suivants. Il ne sort pas de sa cellule immédiatement après sa métamorphose; il reste pendant plusieurs
jours immobile et sans force; il se colore peu à peu; ses téguments
s'affermissent et c'est alors qu'il perce l'écorce pour se mettre en
liberté. Ce petit Curculionite fait partie du genre *Baris* comme le
Picinus et le *Cuprirostris* dont il est parlé dans le supplément.
Son nom entomologique est *Baris chlorizans* et son nom vulgaire
Charançon verdâtre des tiges du chou.

28. *Baris chlorizans*, Schœn. — Long. 4 mil. Il est ovale, allongé,
d'un vert-noirâtre et glabre. Le rostre est cylindrique, très arqué,
noir, assez long; les antennes sont noires, peu longues, terminées
en massue ovale; la tête est noire, engagée dans le corselet jusqu'aux yeux; le corselet est d'un vert sombre, luisant, rétréci en
devant, arrondi sur les côtés, convexe en dessus, ponctué; les élytres sont ovales, de la largeur de ce dernier à la base, deux fois
aussi longues, arrondies au bout, d'un vert sombre, à stries très
fines ayant les intervalles des stries plans et lisses; les pattes sont
noirâtres, ponctuées, avec les cuisses un peu renflées; le dessous
du corps est d'un vert-noir, sans éclat; le corselet présente souvent des reflets un peu dorés.

Cet insecte s'engourdit pendant les grands froids et reparaît au
printemps pour s'accoupler et propager son espèce. Il est très probable qu'une partie de la génération reste dans les tiges de chou
à l'état d'engourdissement et peut être de chrysalide et ne sort
qu'aux premières chaleurs du printemps. La femelle, après avoir
été fécondée, va déposer ses œufs dans les tiges des choux. Il est
également probable que dans cette opération elle agit comme les
autres Curculionites, c'est-à-dire qu'elle perce un petit trou avec
son bec, qu'elle y pond un œuf et qu'elle fait descendre cet œuf
jusqu'au fond de la blessure. Elle a l'instinct de choisir la partie
inférieure des tiges pour faire cette opération et de confier trois,
quatre, cinq ou six œufs à la même tige.

Il semble, d'après ce que l'on vient de dire sur les mœurs de
ce Curculionite, que si l'on arrachait et brûlait les tiges de chou

immédiatement après avoir récolté les feuilles ou la tête, au lieu de les laisser sur place ou de les jeter sur le fumier pendant l'automne et l'hiver, comme on a l'habitude de le faire, on détruirait beaucoup de ces petits animaux. Il faudrait aussi arracher les choux languissants pendant l'été et visiblement malades pour consommer leurs feuilles avant que le dépérissement de la plante les rende impropres à tout usage.

On n'a pas encore signalé les parasites de ce petit Curculionite.

Ce même insecte attaque aussi la Navette (*Brassica napus*) que l'on cultive pour obtenir l'huile que renferment ses graines. Il place ses œufs dans les tiges qui sont minées et rongées intérieurement par les larves qui en sortent. Ces larves passent des tiges dans les racines où elles continuent à croître et où elles subissent leurs transformations. Elles ont soin de tamponner leurs cellules aux deux bouts avec des fibres hachées et pressées avant de se changer en chrysalides. On trouve les insectes parfaits occupés à percer la racine pour se mettre en liberté dès le 1er août. Il est probable qu'il y en a plusieurs qui ne sortent des racines et de la terre qu'au printemps suivant et qui assurent ainsi la perpétuité de l'espèce.

—

29. — LE CHARANÇON DU NAVET.

(Ceutorhynchus napi, Schœn.)

L'histoire du Charançon du Navet se trouve dans le supplément au traité des *Insectes nuisibles aux Arbres fruitiers*, etc., qui a paru en 1863. Une partie de la génération de ce petit Curculionite éclôt en été ; mais l'autre partie, la plus considérable en nombre, passe l'hiver dans le sol, soit à l'état de larve, soit à l'état de chrysalide, renfermée dans de petites coques rondes de la grosseur d'un pois formées de parcelles de terre, et ne se montre qu'au printemps suivant, dans les premiers jours de mai. C'est par cette sage précaution que la nature assure la perpétuité de cette espèce, ainsi que celle de plusieurs autres espèces d'insectes, qui ont une ré- serve hivernale capable de résister aux plus grands froids du cli- mat sous lequel ils vivent

Les larves du charançon du Navet, que l'on pourrait croire bien en sûreté dans le milieu des tiges de chou qui leur servent d'habi- tation, sont cependant exposées aux piqûres d'un petit Ichneumo- nien qui pond un œuf dans le corps de chacune de celles qu'il at- teint avec sa tarière, malgré la parois épaisse et dure qui les protège. Les larves sorties de ces œufs sucent d'abord et rongent ensuite intérieurement celles du Charançon en leur laissant le temps de construire leurs coques; et lorsqu'elles les ont consommées elles se filent chacune un petit cocon ovale de soie blanche dans la cellule construite par leur victime; de cette manière chaque pa- rasite coûte la vie à un charançon. Le parasite sort de terre et prend son essor vers le 1er mai. Il se classe dans la tribu des Ichneumoniens et dans le genre *Porizon* et se rapporte à l'espèce appelée *Moderator* par Gravenhorst.

12. *Porizon moderator*, Grav. — Long. 4 mil. Il est noir. Les antennes sont noires, filiformes, courbées à l'extrémité, de la longueur de la tête et du corselet; la tête est noire, un peu plus large que le corselet; l'extrémité des mandibules est brune et les palpes sont blanchâtres; le thorax est noir; le métathorax arrondi en dessus, coupé droit en arrière; l'abdomen est noir, ayant le premier segment filiforme à la base, élargi à l'extrémité; les au- tres segments forment un ovale pyriforme; les pattes sont d'un fauve testacé; les hanches, les trochanters et la base des cuisses sont noirs; cette couleur s'étend presque jusqu'à l'extrémité des postérieures; les ailes sont hyalines, à nervures et stigma noirs; la cellule radiale des premières est très grande, en forme de trian- gle rectangle; l'aréole manque; la tarière est noire, plus longue que l'abdomen, un peu courbée en haut.

Le mâle est semblable à la femelle; mais il n'a pas de tarière et son abdomen est comprimé dans sa partie ovale et pos- térieure.

Ce parasite a été assez nombreux à Santigny en 1863 pour qu'on puisse espérer de voir peu de charançons du navet en 1864.

—

30. — LE CHARANÇON DES TIGES DU CRESSON.

(*Poophagus nasturtii*, Schœn.)

Le cresson de fontaine (*Sisymbrium nasturtium*) est une plante économique, alimentaire et médicinale dont on fait une grande consommation et qui est rongée par plusieurs insectes qu'il est convenable de faire connaître. Celui dont il va être question n'est pas ordinairement celui qui lui fait le plus de tort, quoiqu'il vive à l'état de larve dans l'intérieur des tiges. Son plus grand ennemi est celui qu'on décrira plus loin sous le nom de *Chrysomèle du cresson*.

Si dans les premiers jours de juin on fend longitudinalement par le milieu une tige de cresson d'une dimension un peu forte on y trouve communément une petite larve qui mine cette tige suivant son axe et qui laisse dans le tuyau médullaire ses excréments et des débris un peu jaunâtres. Elle habite volontiers la partie inférieure au-dessus de l'eau. Elle se tient étendue droite dans la galerie ; mais lorsqu'elle en est sortie elle se courbe en arc. A cette époque elle a 3 à 4 mil. de long. Elle est cylindrique, blanchâtre. La tête est ronde, écailleuse, jaunâtre, armée de mandibules d'un fauve-pâle et plus foncées à l'extrémité. Elle est apode, glabre, molle et segmentée. Le nombre des segments paraît être de douze. Elle peut les gonfler sous le ventre, à sa volonté, ce qui produit des fausses pattes qui facilitent la progression; elle peut aussi les gonfler sur les côtés et présenter des mamelons en plus ou moins grand nombre destinés à faciliter ses mouvements dans sa galerie.

Cette larve atteint toute sa croissance dans la première quinzaine de juin et travaille à s'enfermer dans un cocon ovale, court, de 4 mil. de long, arrondi aux deux bouts, formé d'une soie grossière, blanchâtre à l'intérieur, auquel sont fixés quelques débris de moëlle et d'excréments. On trouve, dès le 15 juin, un, deux ou trois de ces cocons dans la même tige, mais espacés entr'eux, comme si chaque larve qui les a construits avait vécu dans un entre-nœud différent. On en trouve cependant quelques-uns de rapprochés, ce qui indique que les larves ont voyagé dans leur galerie qui est devenue continue et ont choisi des points peu éloignés pour y fabriquer leurs cocons.

L'insecte parfait se montre le 30 juin et les jours suivants. Après sa transformation il reste quelques jours dans sa coque donnant à ses membres le temps de s'affermir, puis il la perce pour en sortir ; il perce aussi un trou rond dans la tige de cresson pour achever de se mettre en liberté. Il est classé dans la famille des Portebec, la tribu des Gonatocères, la sous-tribu des Mécorhynques, la section des Cryptorhynchides et le genre *Poophagus*. Son nom entomologique est *Poophagus nasturtii* et son nom vulgaire *Charançon des tiges du cresson*.

Poophagus nasturtii, Schœn. — Long. 3 mil. Il est vert-bronzé et couvert d'une pubescence d'un gris-jaunâtre. Les antennes sont fauves, terminées par une massue noire, ovale, acuminée ; la tête est de la couleur générale ; le rostre est long, cylindrique, très arqué, noir, avec l'extrémité fauve ; les yeux sont noirs ; le corselet est de la couleur générale, plus étroit en devant qu'en arrière, arrondi sur les côtés, bisinué à la base, canaliculé au milieu et ponctué ; les élytres sont un peu plus larges que le corselet à la base, deux fois aussi longues, à épaules un peu saillantes, arrondies en arrière, striées, de la couleur générale, un peu relevées en bosse près de l'extrémité qui laisse à découvert le bout de l'abdomen ; les pattes sont fauves, avec l'extrémité des cuisses noire.

On n'a pas encore signalé les parasites de ce Curculionite et l'on ne connaît pas les moyens de le détruire.

31. — LE CHARANÇON DES SILIQUES DU CHOU.

(*Ceutorhynchus assimilis*, Schœn.)

La Navette est une variété du navet appelé en botanique *Brassica napus, Brassica asperifolia* parce que le Navet est classé dans le genre chou (*Brassica*). Ses graines sont renfermées dans une silique cylindrique, divisée en deux parties égales par une mince cloison longitudinale à laquelle les graines sont attachées de part et d'autre. On cultive la navette dans les champs pour en récolter la graine qui sert à faire de l'huile employée dans les campagnes pour la cuisine et pour l'éclairage. L'huile de chènevis est cependant plus généralement destinée à ce dernier usage que celle de navette.

Lorsque la plante est défleurie, que les graines sont formées dans les siliques et sont encore vertes, elles sont attaquées par deux insectes à l'état de larve qui les rongent pour se nourrir et qui dans certaines années en détruisent beaucoup. L'un d'eux est un petit moucheron dont il sera parlé plus loin; l'autre est un Coléoptère dont on va s'occuper ici.

Vers le 25 mai les semences de navette sont parvenues à peu près à leur grosseur et sont encore vertes et tendres. Si à cette époque on examine attentivement les siliques qui les contiennent, on remarque, dans certaines années, un petit insecte gris, ayant un bec long et effilé, qui se promène dessus et qui, ayant choisi un point convenable, y enfonce son bec; après quoi il pond un œuf dans le trou qu'il a fait. Au bout de quelques jours il sort de cet œuf un petit ver ou larve qui ronge la graine tendre, la perce et y enfonce sa tête pour en manger la substance; il s'y introduit de plus en plus à mesure qu'il agrandit son excavation et finit par consommer toute la partie interne, ne laissant que l'enveloppe. Après cette première graine il en attaque une seconde qu'il dévore de même et une troisième s'il n'a pas satisfait son appétit et s'il n'est pas arrivé au terme de sa croissance.

Une de ces petites larves, examinée le 25 mai, a 2 mil. de long.
ou 2 1/2 mil. Elle est blanche, molle, glabre, apode, cylindrique,
courbée en cercle; sa tête est ronde, écailleuse, d'un fauve pâle,
pourvue de deux mandibules, un peu plus foncées; le corps est
plissé en travers. Les plis représentent des segments dont le nombre est difficile à compter. Lorsqu'elle est parvenue à toute sa
taille elle sort de la silique et se laisse tomber à terre où elle s'enfonce un peu pour se métamorphoser en chrysalide. C'est ce que
l'on peut supposer d'après l'observation, car ayant mis des siliques dans un bocal sur de la terre humide le 25 mai, il a paru
dans ce bocal deux Curculionites, l'un le 25 juin, l'autre le 3 juillet, sans avoir laissé de coques dans les siliques qui ont servi de
berceau aux larves. Ce Curculionite appartient au genre *Ceutorhynchus* et se rapporte à l'espèce appelée *assimilis*.

31. *Ceutorhynchus assimilis*, Schœn. — Long. 2 1/2 mil. Il
est noir, couvert en dessus d'un petit duvet blond, caduque, qui
lui donne une teinte légèrement plombée. Le bec est cylindrique,
long, mince, arqué, d'un noir luisant, couché contre la poitrine dans
le repos; les antennes sont noires, à tige grêle terminée en massue
ovale, conique; la tête est enfoncée dans le corselet, de la couleur
générale, finement ponctuée; le corselet est de la couleur générale,
finement ponctué, rétréci en devant, à bord antérieur relevé, évasé
pour recevoir la tête, élargi en arrière, sensiblement tuberculé de
chaque côté, avec une raie longitudinale de duvet au milieu du dos
qui semble former carène; les élytres sont deux fois et demie aussi
longues que le corselet, plus larges à la base que ce dernier, à
épaules sensibles, striées; les intervalles des stries ponctués, un
peu relevés en bosse et muriqués près de l'extrémité, laissant à
découvert le bout de l'abdomen; le dessous est couvert de petites
écailles grises flavescentes; les pattes sont noires, garnies d'un
court duvet flavescent, sans tubercules aux cuisses.

On ne possède aucun moyen de combattre ce petit insecte nuisible qui s'adresse aussi au Colza et lui porte quelquefois un notable
préjudice. Ses parasites sont inconnus.

32. LA CHRYSOMÈLE DU CRESSON.

(*Phæd·n cochleariæ*, Lat.)

Le cresson de fontaine (*Sisymbrium nasturtium*) est une plante fort estimée à cause de ses propriétés alimentaires et médicinales. Il croît spontanément dans les eaux vives et limpides, dans les fontaines où on va le cueillir. On le cultive en grand pour fournir à la consommation des villes en établissant des cressonnières dans des bassins alimentés par une eau courante et on le récolte avant qu'il soit fleuri. Il arrive dans certaines années que ses feuilles sont rongées par des larves noirâtres qui en mangent toute la partie succulente et qui ne laissent que les nervures, en sorte que la récolte est plus ou moins réduite, selon le nombre de ces larves, et quelquefois elle est entièrement détruite. On doit, en général, examiner le cresson récolté dans le mois de juin, que l'on sert à table, surtout dans les restaurants de Paris et d'autres grandes villes, car il s'y trouve souvent des larves, transportées avec la plante, que les cuisiniers négligent d'enlever.

L'insecte d'où proviennent ces larves vit lui-même sur le cresson et on l'y trouve vers le 10 mai. La femelle pond ses œufs sur le revers des feuilles au nombre de trois à sept sur une même feuille. Elle commence par donner un coup de dent dans le point qu'elle choisit pour y creuser une petite fossette, n'entamant la feuille que sur la moitié de son épaisseur, et y pond un œuf qui la remplit entièrement et qui s'y trouve collé. Cet œuf est très petit, jaune, luisant, cylindrique, arrondi aux deux bouts. Les œufs ainsi déposés éclosent dans les derniers jours de mai et les petites larves commencent à brouter les feuilles. En grandissant, elles les entament plus profondément, les percent et mangent tout le parenchyme. Leur croissance est rapide, car elles commencent à se changer en chrysalides dès le 15 juin. Celles que l'on nourrit en captivité dans des boîtes se retirent sous les débris des feuilles

qu'elles ont rongées pour y subir cette métamorphose sans au-
cune préparation ; elles sont à nu sur le fond de la boîte.

Parvenues à toute leur taille elles ont 5 à 6 mil. de longueur.
Elles sont ovales, allongées, un peu atténuées à l'extrémité postérieure. Elles sont d'un vert- noirâtre. La tête est arrondie, noire,
luisante, pourvue de deux mandibules et de deux antennes coniques, noires; ces dernières formées de trois articles : le premier
segment du corps est un peu plus large que la tête, d'un noir un
peu luisant; les deuxième et troisième portent chacun deux rangs
transversaux de tubercules noirs dont les latéraux sont plus gros
que les autres. Les neuf autres segments n'ont chacun qu'un seul
rang de tubercules noirs ; tous sont surmontés d'un poil court,
blanchâtre. Les pattes sont au nombre de six de couleur noire, attachées aux trois premiers segments. Lorsque la larve marche, elle
fait sortir de son dernier anneau un mamelon jaunâtre qui fait l'office de patte et aide à la progression.

La chrysalide, peu de temps après sa formation, est d'un blanc-
jaunâtre uni. Elle est ovale, convexe en dessus, longue de 3 1/2
mil. Elle porte quatre lignes longitudinales de petites soies noires
sur le dos de son abdomen, c'est-à-dire, quatre soies sur chaque
segment correspondant aux tubercules de la larve, et en outre,
deux soies divergentes partant du même point sur chacun des tubercules latéraux. Le dernier est aussi garni de soies, ainsi que le
corselet et son contour antérieur. Cette chrysalide se colore et de
vient noirâtre dans les derniers jours de son existence. L'insecte
parfait commence à se montrer vers le 25 juin. A cette époque
il se trouve des larves qui ne se sont pas encore changées en chrysalides.

L'insecte est un Coléoptère de la famille des Cycliques, de la
tribu des Chrysomélines et du genre *Phædon.* Son nom entomologique est *Phædon cochleariæ* et son nom vulgaire *Chrysomèle du
cresson.*

32. *Phædon cochleariæ,* Lat. — Long. 3 1/2 mil. Il est ovale,
court, convexe, d'un bleu-verdâtre luisant. Les antennes sont d'un

vert-noirâtre métallique, ayant leur cinq derniers articles un peu plus gros que les autres; la tête est d'un vert-bleu, ponctuée; le corselet est de la même couleur, transverse, plus étroit en devant qu'en arrière, convexe en dessus, ponctué, arrondi sur les côtés qui sont finement rebordés; l'écusson est lisse; les élytres sont ovales, deux fois aussi longues que la tête et le corselet, un peu plus larges que ce dernier à la base, convexes, d'un vert-bleuâtre luisant, marquées de stries fines formées de points enfoncés; le dessous du corps est noir et les pattes sont d'un noir-bronzé.

On ne connaît aucun moyen de détruire cet insecte nuisible ou de l'éloigner. Ses parasites sont inconnus.

33. L'HÉLODE DU BECCABUNGA.

(Helodes violacea, Fab.)

Le Beccabunga (*Veronica beccabunga*) appelée aussi Véronique aquatique, est une plante qui jouit de plusieurs propriétés médicinales et dont on mange les feuilles crues en salade ou bien cuites et assaisonnées. Elles ont le goût du cresson, mais elles sont moins âcres. Lorsque la plante commence à pousser elles sont fades, mais à l'époque de la fleur elles ont de la saveur et c'est alors qu'on doit les récolter. Mêlées au cresson elles en adoucissent l'âcreté et le rendent mangeable pendant le temps de la floraison, époque à laquelle son âcreté empêche d'en faire usage. Le Beccabunga croit spontanément dans les ruisseaux et les terres perpétuellement imbibées d'eau qu'il pare de ses grappes de jolies fleurs bleues.

On remarque assez fréquemment pendant la seconde quinzaine de mai que les feuilles du sommet de la plante et celles de l'extrémité des rameaux sont roussies, comme si elles avaient passé par le feu, qu'elles sont desséchées et que celles qui sont encore en partie vertes sont couvertes de petites larves noirâtres qui les broutent, les trouent en mille endroits et en dévorent tout le parenchyme, n'y laissant que les côtes et les plus fines nervures. On y voit aussi les insectes parfaits d'où ces larves sont provenues. Ils sont là pour se nourrir, s'accoupler et pondre. La femelle ne dépose pas ses œufs sur les feuilles, mais elle les cache dans l'intérieur des tiges. Lorsqu'elle veut pondre elle perce la tige jusqu'au centre et creuse une galerie dans le sens de la longueur, à laquelle elle donne l'étendue qu'elle juge convenable; c'est au fond de cette galerie qu'elle place ses œufs au nombre d'une douzaine plus ou moins; elle fait plusieurs dépôts dans la même tige, que l'on reconnait en voyant les trous qui donnent entrée aux galeries qui les contiennent. Ces œufs sont jaunes, luisants, cylindriques, allongés, arrondis aux deux bouts et longs de moins d'un mil. On en trouve dans les tiges jusque vers le 4 juin lorsque déjà on voit des larves fort grandes. Dès que les œufs sont éclos les petites larves sortent de leurs galeries et montent sur les feuilles pour y prendre leur nourriture et croître jusqu'à leur entier développement, ce qui arrive vers le 15 juin pour les plus précoces et un peu plus tard pour les autres. A cette époque de leur vie elles entrent de nouveau dans les tiges et y creusent chacune une galerie centrale au fond de laquelle elles se changent en chrysalide. On peut voir sur la même tige une suite de trous ronds, inégalement espacés, conduisant chacun à une galerie plus ou moins longue dans laquelle se trouve une larve prête à se métamorphoser ou une chrysalide.

Cette larve, ayant pris toute sa taille, a 6 à 7 mil. de longueur; elle est allongée et va en diminuant de largeur depuis la tête jusqu'à l'extrémité postérieure et est un peu déprimée; son corps est vert-noirâtre en dessus et blanc-verdâtre en dessous ; la tête est noire, écailleuse et luisante ; les mandibules et les antennes sont de la même couleur; ces dernières sont petites, coniques, formées de trois articles ; les segments du corps sont au nombre de douze; on compte sur chacun d'eux quatre tubercules noirs pilifères et en outre un tubercule de chaque côté plus gros que les autres, duquel sortent deux poils divergents ; ces tubercules font paraître la larve toute noire en dessus ; les pattes sont au nombre de six, noires, luisantes et attachées aux trois premiers segments ; le segment anal laisse sortir, pendant la marche, un mamelon jaunâtre qui fait l'office d'une septième patte.

La chrysalide est oblongue, allongée, un peu déprimée, de couleur blanchâtre au moment de sa formation et devient noire peu de temps avant sa métamorphose en insecte parfait. On commence à voir celui-ci dès le 15 juin et il continue à sortir pendant le reste du mois.

Il est classé dans l'ordre des Coléoptères, la famille des Cycliques, la tribu des Chrysomélines et le genre *Helodes*. Son nom entomologique est *Helodes violacea* et son nom vulgaire *Hélode du Beccabunga*.

33. *Helodes violacea*, Fab. — Long. 4 mil. Elle est oblongue, allongée, à côtés presque parallèles, un peu déprimée, arrondie à l'extrémité, d'un bleu-verdâtre uni sur toutes ses parties. Les antennes sont bleues à la base, terminées par quatre articles noirs plus gros que les précédents, formant une massue allongée ; la tête est engagée jusqu'aux yeux dans le corselet ; celui-ci est aussi large en devant qu'en arrière, arrondi sur les côtés, et aussi long que large, convexe en dessus et ponctué, ainsi que la tête ; les élytres sont un peu plus larges que le corselet à la base, quatre fois aussi longues, à stries de petits points enfoncés ; les pattes et le dessous du corps sont d'un bleu foncé. Tout l'insecte est un peu déprimé.

La larve de l'*Helodes violacea* est attaquée, à ce que je présume, par un petit parasite de la tribu des Chalcidites et du genre *Pteromalus*, qui se développe dans son corps et qui sort de sa chrysalide, car les 20 et 26 juin j'ai trouvé dans des tiges de Beccabunga deux de ces petits insectes qui n'étaient pas encore sortis de ces tiges pour prendre leur essor. Ils sont entièrement semblables et ressemblent beaucoup à l'espèce appelée *Tibialis* par Nées d'Esembeck et je les décrirai sous ce nom.

13. *Pteromalus tibialis*, N. de E. — Long. 2 1/2 mil. Il est d'un vert-bronzé. Les antennes sont noires, insérées au milieu de la face, composées de treize articles ; le premier long, vert en dessous ; les troisième et quatrième rudimentaires ; les suivants grossissant un peu et graduellement ; les trois derniers soudés ensemble ; la tête est verte, bronzée, ponctuée, transverse, un peu plus large que le thorax ; celui-ci est ovalaire, de la même couleur que la tête, ponctué, avec les sutures du dos bien marquées ; l'abdomen est subpédiculé, un peu plus court que le thorax, ové-conique, terminé en pointe, un peu plus large que le thorax à sa base, lisse, luisant et vert ; les pattes sont d'un blanc-jaunâtre, avec la base des cuisses verte ; les ailes sont hyalines et dépassent un peu l'abdomen.

Le Beccabunga n'est peut-être pas une plante assez importante pour que l'on cherche à détruire l'*Helodes violacea*, mais si l'on voulait la débarrasser de cet insecte nuisible il faudrait la couper à la surface de l'eau, vers le 20 mai, et la laisser sécher au soleil. On ferait périr ainsi les larves et les œufs que renferment les tiges et l'on pourrait espérer que l'insecte ne reparaîtrait pas l'année suivante.

---

34. — L'ALTISE TIBIALE.

(*Altica tibialis*, Ill.)

On a cité plusieurs espèces d'Altises qui sont fort nuisibles aux plantes de la famille des Crucifères que l'on cultive dans les jardins et les champs, et qui, dans certaines années, où leur nombre semble être infini, les dévastent et les anéantissent complétement. Le dégât que produit un de ces petits Coléoptères, long de 2 ou 3 mil. est imperceptible, mais ce dégat répété plusieurs millions de fois devient très considérable.

M. E. Perris, dont les travaux ont rendu les plus grands services à l'entomologie, a bien voulu me signaler l'*Altise tibiale* comme un ennemi très dangereux pour la betterave dans le département des Landes, qu'il habite, et comme portant un grand préjudice aux champs cultivés en cette racine légumineuse.

Je ne possède aucun renseignement sur l'époque de l'apparition de ce petit Coléoptère nuisible et sur l'espace de temps pendant lequel il exerce ses ravages. Je suppose que c'est au moment où la plante sort de terre et peu de temps après, quand elle est faible, qu'il est particulièrement à craindre et qu'il produit le plus de dégâts. Son nom entomologique est *Altica tibialis*, Ill. Les Altises étant excessivement nombreuses en espèces, ont été partagées en plusieurs genres par les entomologistes modernes et celle dont il est question se trouve placée dans celui de *Plectroscelis* qui renferme toutes les Altises dont les tibias postérieurs portent une dilatation en forme de dent, avec un canal longitudinal cilié sur les bords, en dessous.

34. *Altica (Plectroscelis) tibialis*, Ill. — Long 1 1/2 mil. Larg. 1 mil. La tête est bronzée, petite, présentant sur le front quelques gros points épars; les antennes sont d'un roux-testacé, avec les quatre derniers articles noirâtres; le corselet est bronzé, peu brillant, à cause des points profonds et serrés qui le couvrent, sans impression à la base, transversal, deux fois plus large que long, rebordé, oblique sur les côtés, paraissant plus large à la base qu'au sommet; l'écusson est demi-circulaire, lisse; les élytres sont bronzées, brillantes, plus larges que le corselet à la base, convexes, longues, comparées au corselet arrondies, à l'extrémité, à stries pointillées; le dessous du corps est noir, un peu pubescent; les pattes sont d'un roux ferrugineux, sauf les cuisses qui sont d'un noir bronzé.

On peut essayer contre cet insecte la sciure de bois imprégnée de coaltar dans la proportion de deux kil. de coaltar pour cent kil. de sciure et répandre cette préparation en couche mince sur le semis de betterave.

35. — L'ALTISE DU NAVET.
(Altica napi, Ill.)

Le petit Coléoptère sauteur dont il est question dans cet article se voit sur le cresson vers le 15 mai. Il recherche cette plante pour se nourrir et pour pondre ses œufs. Il en ronge les feuilles et dépose, à ce que je présume, ses œufs sur les tiges. Aussitôt que les petites larves sont écloses elles entrent dans les tiges et s'y établissent en mineuses ; elles y creusent des galeries longitudinales très étroites, proportionnées à leur grosseur et n'y laissent pas de débris et d'excréments appréciables. Elles ne quittent pas ces habitations pendant tout le temps de leur croissance qui s'effectue pendant le mois de juin. On voit encore des larves au 15 juillet ; ce sont celles qui proviennent d'œufs pondus tardivement à la fin de mai ou au commencement de juin.

Cette larve, parvenue à toute sa taille, a 6 mil. de long. Elle est blanche, lisse, glabre, filiforme. Sa tête est noire, distincte du corps ; elle est aplatie sur le front et impressionnée en dessus de manière à indiquer deux lobes peu saillants ; elle est pourvue de deux petites mandibules et de deux très petites antennes coniques insérées à leur base ; les segments du corps sont au nombre de douze ; le dernier est un peu plus long que les autres et un peu atténué à l'extrémité, terminé par deux petits crochets écailleux tournés en haut, de couleur jaunâtre-testacé Les pattes sont au nombre de six, de couleur blanchâtre tirant au brun. Lorsqu'elle marche, un mamelon blanc peu saillant sort du dernier segment et fait l'office de septième patte.

Dès qu'elle n'a plus à croître elle sort de la tige dans laquelle elle a vécu ; elle se promène un instant en la parcourant, puis elle se laisse tomber ou plutôt elle s'élance à terre par un saut brusque ; pour exécuter ce mouvement elle se dresse sur son derrière de manière à être en ligne perpendiculaire avec le plan de position et disparaît. La faculté de sauter lui a été accordée pour qu'elle puisse gagner la terre. La plante sur laquelle elle vit croît dans l'eau et lorsque la larve la quitte elle voyage sur les plantes voisines, se dirigeant vers le rivage. Si elle rencontre un petit es-

pace d'eau elle le franchit d'un saut. Il est probable que les crochets qu'elle porte à son dernier segment lui permettent de s'élancer
et lui en donnent le moyen. Parvenue à terre elle entre dans le
sol où elle se change en chrysalide. L'insecte parfait commence à
se montrer dès le 9 juillet et continue à sortir les jours suivants.

Il est classé dans la famille des Cycliques et dans le genre *Altica*
qui a été divisé en plusieurs autres; il entre dans celui de *Psylliodes*, à cause du premier article de ses tarses postérieurs, qui
est long et se replie sur le tibia. Son nom entomologique est
Altica (Psylliodes) napi, Ill, et son nom vulgaire *Altise du navet*.

35. *Altica (Psylliodes) napi*, Ill. — Long 3 1/2 mil. Elle est
bleue, brillante, ovale, également atténuée aux deux extrémités.
Les antennes sont filiformes, de la moitié de la longueur du corps,
noires, avec les premiers articles fauves; la tête est d'un bleu-
noir; le corselet est plus étroit en devant qu'en arrière, légèrement rebordé sur le côté, bisinué en arrière, d'un bleu-noir, finement ponctué; les élytres sont un peu plus larges à la base que le
corselet, trois fois aussi longues que ce dernier, arrondies à l'extrémité, à stries de points, de couleur bleu-foncé; les pattes sont
fauves, avec les cuisses postérieures très renflées, d'un bleu-noi-
râtre, ponctuées.

On trouve aussi cette espèce sur la navette, sur le chou, et probablement sur d'autres plantes crucifères.

On ne connait pas le moyen de s'opposer aux dégâts que
peut causer cet insecte, qui ne sont pas très importants pour
le cresson, mais qui peuvent l'être pour le chou et la navette.

Si on mange du cresson pendant le mois de juin on est fort
exposé à manger les larves de l'Altise du navet que renferment
les tiges et même celles du *Poophagus nasturtii* qui s'y trouvent
à la même époque.

36. — L'HÉPIALE DU HOUBLON.
(*Hepialus humuli*, Dup.)

Le Houblon *(Humulus lupulinus)* est une plante industrielle qui n'entre pas naturellement dans les trois divisions adoptées dans le petit traité des *Insectes nuisibles aux arbres fruitiers*, etc. Elle devrait, ainsi que le chanvre, faire partie d'une nouvelle division qui comprendrait les plantes industrielles et économiques, laquelle pourra être établie par la suite. La culture du houblon étant fort importante dans certains pays, il semble convenable de parler des insectes qui lui portent du dommage et particulièrement de la chenille de l'Hépiale qui exerce de grands ravages dans les houblonnières lorqu'elle s'y multiplie extraordinairement. Cette chenille se tient constamment dans la terre et attaque les racines de la plante qu'elle ronge intérieurement aussi bien que sur les côtés, pour se nourrir de leur substance. Elle s'adresse de préférence aux plus grosses, à celles qui ont quatre ou cinq ans. Les pieds dont les racines sont entamées plus ou moins profondément languissent ou meurent. Elle parvient à toute sa taille vers la fin d'avril ou le commencement de mai et se fabrique une coque longue, cylindrique, dont le bout postérieur est fermé par quelques fils lâches, qu'elle place à côté de la racine qu'elle a rongée. Cette coque a au moins le double de la longueur de la chrysalide, est formée de parcelles de terre liées avec des fils de soie et est tapissée d'un tissu de soie à l'intérieur.

La chenille a 40 à 45 mil. de long. Elle est d'un blanc-jaunâtre, avec la tête, le dessus du premier anneau, une petite plaque sur la deuxième et les pattes écailleuses d'un brun-luisant. Les mâchoires et les stigmates sont noirs. Elle porte sur les dix anneaux postérieurs des points verruqueux fauves de chacun desquels s'élève un poil ; il y en a quatre sur le dos et d'autres plus petits sur les côtés. Elle s'agite vivement lorsqu'on la tient et pince assez fortement les doigts avec ses mâchoires.

La chrysalide est cylindrique, d'un fauve-roussâtre, avec les stigmates noirs. Les segments de l'abdomen sont garnis de deux rangs transversaux de spinules inclinées en arrière et le dernier segment en est muni à son bord postérieur ; ces dernières sont plus longues, plus fortes et dirigées horizontalement.

Lorsque le papillon est sur le point de paraître, la chrysalide perce, avec les épines qu'elle a sur la tête, le bout antérieur ou le plus serré de la coque et à l'aide des épines dont l'abdomen est pourvu elle chemine dans la terre jusqu'à ce que les fourreaux des ailes soient hors du sol. Après cela l'insecte travaille à se mettre en liberté. Il prend son essor en juin ou en juillet, selon l'exposition où il se trouve.

Il fait partie de la famille des Nocturnes, de la tribu des Hépialides et du genre *Hepialus*. Son nom entomologique est *Hepialus humuli* et son nom vulgaire *Hépiale du houblon*.

36. *Hepialus humuli*, Dup. — Enverg. 50 mil. Les antennes sont moniliformes, plus courtes que le corselet, d'un jaune-fauve; es palpes sont fort petits, très poilus; la trompe est imperceptible; les ailes sont longues, étroites, elliptiques, posées en toit dans le repos; celles du mâle sont d'un blanc-argenté sans taches; le dessous est d'un brun-cendré avec les bords d'un rouge-fauve de part et d'autre; celles de la femelle sont en dessus d'un jaune d'ocre, avec deux bandes obliques et les bords d'un rouge-fauve; les inférieures sont d'un jaune faiblement obscur, avec l'extrémité rougeâtre; le dessous est un peu moins foncé que chez le mâle; le corps est d'un jaune-d'ocre dans les deux sexes; les pattes sont d'un rouge-brique; les tibias postérieurs du mâle sont garnis en dehors de longs poils d'un jaune tanné.

Les œufs que pond la femelle sont nombreux, petits et noirs, ce qui leur donne de la ressemblance avec de la poudre de chasse. Il est vraisemblable que la femelle les dépose en juin ou juillet au pied des plants de houblon d'où les petites chenilles pénètrent jusqu'aux racines.

On prétend que le fumier de pourceau éloigne cet insecte des houblonnières. Les parasites de ces chenilles n'ont pas encore été signalés. Les taupes, si on les tolère dans ces cultures, doivent dévorer beaucoup de chenilles.

37. — L'ÉCAILLE MARTRE.

(Chelonia caja, Dup.)

La chenille de ce Lépidoptère est connue sous le nom vulgaire de *Chenille hérissonne* parce qu'elle est couverte de longs poils et qu'elle se roule en anneau lorsqu'on la touche ou l'inquiète. Elle est commune dans les jardins potagers où elle se nourrit d'oseille, de chicorée et d'autres plantes qui y croissent. Elle vit isolée et ne cause pas de dégâts notables à moins qu'elle ne soit en compagnie nombreuse. On la trouve pendant le mois de mai et aussi en automne. Elle est d'une assez forte taille, noire, avec des poils également noirs sur le dos, et des poils roux sur les côtés du ventre, ainsi que sur les trois anneaux antérieurs. Les poils roux sont implantés sur des tubercules d'un blanc-bleuâtre, les autres sur des tubercules d'un brun-noirâtre. Les stigmates sont d'un blanc-sale et la tête est d'un noir luisant.

Lorsqu'elle est parvenue à toute sa taille, dans les premiers jours de juin, elle a 40 mil. de longueur; elle se dispose alors à se transformer en chrysalide, et pour cela elle s'enferme dans un cocon d'un gris-brun, d'un tissu mou quoique serré, dans la construction duquel elle fait entrer les poils de son corps. Elle s'y change bientôt en chrysalide et le papillon éclôt vers la fin de juin. Il a une seconde génération dans le mois d'août. Les chenilles qui résultent de cette seconde génération croissent pendant l'automne, s'engourdissent à l'approche des froids et passent l'hiver dans un abri qu'elles ont choisi. Le retour de la chaleur les ranime et leur rend l'activité; elles prennent de la nourriture, achèvent de croître et produisent la première génération, celle du printemps.

Le papillon se classe dans la famille des Nocturnes, dans la tribu des Bombycites, la sous-tribu des Chélonites et dans le genre *Chelonia*. Son nom entomologique est *Chelonia caja (caia)* et son nom vulgaire *Ecaille martre.*

37. *Chelonia caja*, Dup. — Enverg. 65-70 mil. Les antennes sont blanches, garnies de barbes brunes ; la trompe est jaunâtre, les palpes sont avancés en forme de petit bec ; le corselet et les ailes supérieures sont d'un brun-café ; le premier porte un collier rouge ; les secondes présentent en dessus des ruisseaux blancs sinueux, dont deux postérieurs se croisent en X ; on voit en outre au milieu de la côte deux taches blanches transverses, finissant en pointe ; le dessus des inférieures est d'un rouge-brique, avec six ou sept taches bleues bordées de noir et légèrement entourées de jaune ; le dessous des quatre ailes offre à peu près le même dessin que les dessus, mais il est plus pâle ; les ruisseaux des supérieures ont une teinte rougeâtre, surtout vers la base, et les taches des inférieures sont d'un brun-café ; l'abdomen est d'un rouge-brique avec une rangée de cinq ou six taches noires sur le dos et des bandes brunes transverses sur le ventre.

La femelle ressemble au mâle ; elle est d'une taille un peu plus forte et ses antennes sont simplement dentées.

La chenille martre ou hérissonne est exposée aux piqûres d'un très petit Ichneumonien du genre *Microgaster*, qui pond dans son corps un assez grand nombre d'œufs. Les larves sorties de ces œufs vivent et croissent dans ses entrailles et en sortent, en lui donnant la mort, pour s'enfermer chacune dans un petit cocon blanc. Tous ces cocons sont réunis en une masse entourée de soie blanche ressemblant à un flocon de coton. Ce petit parasite, que je n'ai pas observé moi-même, est vraisemblablement le *Microgaster glomeratus*. N. de E.

Outre cet ennemi la chenille Martre en a d'autres dans l'ordre des Diptères et la tribu des Tachinaires. Ces mouches parasites pondent sur son corps un ou plusieurs œufs. Les vers qui en sortent percent la peau et s'introduisent dans l'intérieur où ils vivent et grandissent sans empêcher la chenille elle-même de croître et de se changer en chrysalide ; mais cette chrysalide, au lieu de donner un papillon, laisse sortir une ou plusieurs mouches. Robineau-Desvoidy cite comme parasite de cette chenille l'*Hubneria affinis* appelée *Senometopia nigripes* par Macquart.

14. *Hubneria affinis*, R. D. — Long. 7 à 8 mil. Le corps est noirâtre, luisant, plus ou moins saupoudré de cendré, rayé et refleté de cendré. Les antennes sont noires, assez longues, n'atteignant pas l'épistome; le troisième article est triple du deuxième, il est surmonté d'un style simple; la bande frontale est d'un brun-rougeâtre, les côtés du front sont d'un noir-cendré; les yeux sont velus et les palpes fauves; les poils du derrière de la tête sont flavescents; la majeure partie de l'écusson est rouge ou rougeâtre; l'abdomen est noir-luisant, avec trois fascies de reflets cendrés, cendré légèrement ardoisé, et une tache fauve sur les côtés du deuxième segment; les pattes sont noires; les ailes assez claires, à base noirâtre; les cuillerons blancs et les balanciers d'un brun-ferrugineux; la première cellule postérieure est entr'ouverte près du sommet de l'aile; sa nervure transversale est droite ou peu cintrée.

On compte sept cils frontaux au-dessous de la base des antennes sur le mâle et cinq sur la femelle. Les cils faciaux s'élèvent au tiers ou au quart de la hauteur des fossettes. On voit deux ou quatre cils apicaux sur le premier segment de l'abdomen; deux médians et quatre ou six apicaux sur le deuxième et quatre cils médians et une rangée de cils apicaux sur le troisième.

L'*Hubneria affinis* pond aussi ses œufs sur la chenille du grand Paon de nuit (*Saturnia pyri*) commme on l'a indiqué dans le petit traité des *Insectes nuisibles aux arbres fruitiers, etc.*

Robineau-Desvoidy signale encore comme parasite de la chenille Martre ou hérissonne la *Thelaira nigripes* appelée *Sericocera nigripes* par Macquart, qui a les mêmes habitudes que la précédente.

15. *Thelaira nigripes*, R. D. — Long. 10 à 12 mil. Les antennes sont noires et ne descendent pas jusqu'à l'épistome; le troisième article est double du deuxième; il est surmonté d'un style légèrement plumeux; la bande frontale est noir de velours; les côtés du front sont brun-argenté; les yeux sont nus; la face est argentée et verticale; les palpes sont d'un jaune-fauve; le corselet

est noir, saupoudré de cendré ; l'écusson est noir, rarement testacé à l'extrémité ; l'abdomen est fauve testacé, avec une ligne dorsale assez large et la partie anale noires, et trois fascies de reflets blanchâtres ; les pattes sont noires ; les ailes hyalines à base jaunâtre ; la première cellule postérieure est entr'ouverte avant le sommet de l'aile ; sa nervure transversale est cintrée ; les cuillerons sont blancs ou jaunâtres et les balanciers jaunâtres.

On compte deux cils apicaux sur le dos du deuxième segment abdominal ; les deux basilaires manquent souvent ; deux cils basilaires, deux médians et une rangée de cils apicaux sur le troisième ; souvent les deux basilaires manquent.

Cette mouche parasite attaque d'autres chenilles telles que celle de l'*Arctia lubricipeda* Dup. et celle de la *Cucullia scrophulariæ*, Dup.

38. — L'ÉCAILLE FULIGINÉUSE.

(*Arctia fuliginosa*, Dup.)

On rencontre assez fréquemment la chenille de ce Lépidoptère dans les jardins où elle se nourrit sur l'oseille commune, le navet, la rave, le framboisier, le rosier, etc., dont elle dévore les feuilles. Elle vit isolément et ne cause de dommage sensible que lorsqu'elle se trouve accidentellement en grand nombre. Elle subit sa métamorphose en chrysalide au commencement du printemps après avoir passé l'hiver dans une cachette où le froid l'engourdit. Ranimée par les premières chaleurs, elle sort de sa retraite pour prendre de la nourriture et se disposer à sa métamorphose ; c'est alors qu'on la voit courant dans les allées des jardins. Elle est très velue. Son corps et les poils qui le couvrent sont tantôt roux, tantôt d'un brun-noirâtre, tantôt gris ; la tête et les pattes sont luisantes et toujours d'une couleur analogue à celle du corps. Parvenue à toute sa taille au commencement du printemps, elle se change en chrysalide dans un cocon gris, d'un tissu assez serré, qu'elle place ordi-

nairement dans les crevasses des arbres qui avoisinent la plante
dont elle s'est nourrie. Sa chrysalide est d'un noir-brun luisant,
avec les incisions de l'abdomen plus claires, la pointe de l'anus
très courte et garnie de crochets à peine sensibles. Elle ne reste
pas plus de trois semaines à l'état de chrysalide. On trouve quelquefois la chenille au mois de juin. Le papillon se montre deux
fois dans l'année, la première au mois de juin, la seconde au
mois de septembre. Ce sont les chenilles de la deuxième qui
passent l'hiver et qui donnent les papillons du mois de juin.

Ce Lépidoptère est classé dans la famille des Nocturnes, la tribu
des Bombycites, la sous-tribu des Chélonites et dans le genre
Arctia. Son nom entomologique est *Arctia fuliginosa* et son nom
vulgaire *Ecaille fuligineuse, Ecaille cramoisie.*

38. *Arctia fuliginosa,* Dup. — Enverg. 28 à 34 mil. Les antennes sont blanches en dehors et brunâtres en dedans; la femelle
les a filiformes et le mâle légèrement ciliées; le corselet est du
même brun que les ailes supérieures dont le dessus est fuligineux
ou d'un brun enfumé, avec le milieu un peu transparent et marqué
vers la côte d'un double point noir; leur dessous ressemble au dessus, mais il est plus pâle et lavé de rouge à l'origine du bord extérieur; les ailes inférieures sont d'un rouge cramoisi de part et
d'autre avec des taches noires, dont deux plus petites, situées à
l'extrémité de la cellule discoïdale, les autres formant une bande
parallèle au bord postérieur; l'abdomen a le dessus d'un rouge
cramoisi, avec trois séries longitudinales de taches noires; les
pattes sont d'un brun-noirâtre, avec les cuisses rouges.

La chenille de l'*Ecaille fuligineuse* est exposée aux atteintes de
deux mouches parasites et à nourrir dans son corps les larves qui
les produisent; l'une est la *Carcelia lucorum,* R. D. décrite à
l'article du *Bombyx pudibond* et la seconde la :

15. *Carcelia claripennis,* R. D. — Long. 7 à 8 mil. Les antennes sont noires ainsi que le style qui surmonte le troisième article triple du deuxième; les côtés du front et la face sont blanchâtres; la bande frontale est d'un noir de velours; les palpes sont

jaunes ou jaune-fauve; les poils du derrière de la tête cendrés;
le corselet est bleu de pruneau luisant, fortement saupoudré et
rayé de cendré, de cendré parfois un peu grisâtre; la demi-bande
humérale derrière l'origine des ailes et l'écusson sont testacés;
l'abdomen est noir de pruneau luisant, garni de reflets cendrés et
parfois cendré, avec une ligne dorsale et le bord postérieur des
segments noirs et une tache fauve sur les côtés des trois premiers
segments; les pattes sont noires, avec les tibias testacés; les ailes
sont tout à fait claires; la nervure transversale de la première cellule postérieure est presque droite; les cuillerons sont blancs.

La femelle est entièrement semblable au mâle, excepté qu'elle
manque de taches fauves aux côtés de l'abdomen.

Dans cette espèce les yeux sont velus et les cils du front et de
l'abdomen sont comme sur la *Carcelia lucorum*.

—

39. — LA NOCTUELLE DU POIS.

(*Hadena pisi*. Dup.)

La chenille de la Noctuelle du pois se nourrit des feuilles du pois
cultivé (*pisum sativum*) et vit aussi sur les plantes légumineuses
et même sur le genêt à balai et sur le trèfle. Elle se trouve isolément sur ces plantes, qu'elle n'endommage pas ordinairement
d'une manière sensible. Elle est de forme cylindrique, allongée,
tantôt d'un vert-noirâtre, tantôt d'un brun-violet, avec deux raies
longitudinales citron de chaque côté du corps, le ventre blanchâtre et la tête couleur de chair ainsi que les pattes. Parvenue à
toute sa grandeur, en septembre, elle se creuse un abri dans la
terre qu'elle couvre d'un tissu serré, et où elle se change en chrysalide d'un rouge-brun, à pointe bifide à la queue. Le papillon en
sort en mai ou juin de l'année suivante.

Il se classe dans la famille des Nocturnes, la tribu des Noctuélites et le genre *Hadena*. Son nom entomologique est *Hadena pisi* et son nom vulgaire *Noctuelle du pois*.

39. *Hadena pisi*, Dup. — Enverg. 35 mil. Les antennes sont fi- liformes, d'un roux-ferrugineux ; les palpes sont droits, velus et ne dépassent pas la tête ; la tête et le corselet sont d'un roux fer- rugineux ; les ailes supérieures sont en dessus de la même cou- leur ; traversées par trois raies jaunâtres, dont une en zig-zag et les deux autres ondées ; la troisième, qui longe le bord terminal, est quelquefois blanche et décrit un M dans son milieu et forme une tache en s'élargissant à l'angle anal, ce qui caractérise particulière- ment cette espèce ; la tache réniforme et la tache orbiculaire sont entourées de gris ; la frange est de la même teinte que les ailes et entrecoupée de lignes jaunâtres ; les ailes inférieures sont en des- sus d'un gris-rougeâtre pâle, avec leur extrémité lavée de noirâ- tre ; le dessous des quatre ailes est d'un gris-pâle au centre et fer- rugineux sur les bords, avec une tache discoïdale noirâtre sur les inférieures ; l'abdomen est de la même couleur que le corselet, mais un peu plus pâle.

Les parasites de cette espèce n'ont pas été signalés.

—

40. — LA NOCTUELLE DE L'ANSÉRINE.

(*Hadena chenopodii*, Dup.)

La chenille de la Noctuelle de l'Ansérine vit isolément sur la laitue ordinaire (*lactuca sativa*), sur le chou (*brassica oleracea*), l'asperge (*asparagus sativus*), sur l'ansérine (*chenopodium bonus Henricus*) et sur d'autres plantes, dont elle ronge les feuilles. Elle a des couleurs vives, elle est d'un joli vert, avec les jointures des anneaux jaunes. Elle est marquée de chaque côté du corps, sur les stigmates, d'une raie longitudinale d'un rouge carmin placée entre deux lignes blanches. La tête est jaunâtre, ainsi qu'une es- pèce d'écusson sur le premier anneau. Quelques individus ont en outre deux raies noires interrompues sur le dos, et chez d'autres la couleur verte est remplacée par du brun-noir. Elle parvient à toute sa grandeur en septembre ; elle entre alors dans la terre pour se changer en chrysalide et le papillon parait en mai et juin de l'année suivante.

La chrysalide est reconnaissable en ce que l'enveloppe des ailes est verdâtre, tandis que le reste est de couleur marron.

Le papillon est classé dans le même genre que la Noctuelle du pois c'est-à-dire dans le genre *Hadena*. Son nom entomologique est *Hadena chenopodii*, et son nom vulgaire *Noctuelle de l'ansérine*.

40. *Hadena chenopodii*, Dup. — Enverg. 30 mil. Les antennes sont filiformes et grises ; la tête et le corselet sont d'un gris-cendré ; les ailes supérieures sont en dessus d'un gris-cendré, avec trois lignes transverses d'une teinte plus pâle. Deux de ces lignes sont ondées et la troisième, qui longe le bord terminal, décrit un M dans son milieu ; la tache réniforme est d'un noir-bleuâtre à ses deux extrémités ; l'orbiculaire est marquée par un cercle noir très fin, avec une petite tache obscure au-dessous. Une ligne de points noirs triangulaires sépare le bord terminal de la frange qui est d'un gris-jaunâtre entrecoupé de brun ; les ailes inférieures sont d'un gris-pâle, avec leur extrémité bordée d'une large bande noirâtre, les nervures également noirâtres et la frange blanchâtre ; le dessous des quatre ailes est blanchâtre, avec deux raies grises transverses à peine marquées sur chacune d'elles ; les supérieures ont en outre une tache obscure en croissant qui correspond à la réniforme, et les inférieures un point central noirâtre ; l'abdomen est du même gris que le corselet, mais un peu plus pâle.

Les parasites de cette espèce n'ont pas été signalés.

41. — LA NOCTUELLE C-NOIR.

(*Noctua C-nigrum*, Dup.)

La Noctuelle appelée *C-noir* se trouve assez fréquemment dans les jardins potagers où l'on déterre sa chrysalide en labourant les planches, au printemps ou en été. Sa chenille vit isolée sur l'épinard et aussi sur le chèvre-feuille des buissons. Elle cause peu de dommage et ne mériterait pas de trouver place ici, si l'on ne voulait parler de tous les Lépidoptères plus ou moins nuisibles aux arbres fruitiers et aux plantes potagères. Cette chenille est rase, d'un brun-canelle clair, avec la tête et un collier d'un brun plus foncé; chaque côté de son corps offre une série de traits noirs longitudinaux, surmontés chacun de deux points également noirs et bordés de blanchâtre en arrière; au-dessous de ces traits il y a une ligne longitudinale orangée, sur laquelle sont les stigmates, qui ont le pourtour noir. Parvenue à toute sa taille elle quitte la plante sur laquelle elle a vécu et s'enfonce dans la terre, où elle se change en chrysalide sans se filer un cocon; elle reste à nu dans une petite cellule qu'elle pratique pour s'y étendre. Le papillon se montre deux fois dans l'année, la première en mai, la deuxième en juillet.

Il se classe dans la famille des Nocturnes, dans la tribu des Noctuélites, et dans le genre *Noctua*. Son nom entomologique est *Noctua C-nigrum*, et son nom vulgaire, *Noctuelle C-noir*.

41. *Noctua C-nigrum*, Dup. — Enverg. 34 à 36 mil. Les antennes sont simples, filiformes, noirâtres; les palpes dépassent la tête, sont presque droits, comprimés latéralement, terminés par un article court et nu; la tête est d'un brun noirâtre, le corselet de la même couleur, avec le devant d'un gris-blanchâtre, marqué d'une ligne noirâtre transversale; le dessus des ailes supérieures est d'un brun-noirâtre luisant et il offre près du milieu de la côte une tache noire oblongue en forme de G renversé et ayant toute sa partie

concave remplie par du blanc-jaunâtre ou du blanc incarnat. Cette
tache surmonte à son extrémité antérieure un petit croissant noir,
et elle adhère immédiatement par son extrémité opposée à une tache réniforme jaunâtre, dont le pourtour est noir et le milieu
souillé de brun-noirâtre et de ferrugineux. Indépendamment de
cela, il y a près de la base deux points noirs et un point jaunâtre;
sur le milieu de la surface deux lignes noires ondulées, dont la
postérieure suivie d'un cordon de points également noirs; vers
l'extrémité, une ligne transversale plus claire que le fond de l'aile,
et au côté interne de laquelle sont adossées deux petites taches noires
voisines de la côte ; le dessus des ailes inférieures est d'un gris
cendré ou blanchâtre, selon la fraîcheur des individus; le dessous
des quatre ailes est à-peu-près de la couleur du dessus des inférieures, avec une petite lunule centrale, puis une ligne arquée,
obscure; l'abdomen est un peu plus foncé que les ailes inférieures.

On ne connait pas les parasites de cette Noctuelle. On devra
tuer la chenille lorsqu'on la rencontrera sur les épinards, écraser
les chrysalides qu'on déterrera en cultivant le jardin. Lorsque les
taupes s'introduisent dans un potager et y séjournent pendant quelque temps elles nettoyent la terre des vers, larves, chenilles,
chrysalides qu'elle contient et nous rendent probablement plus de
services qu'elle ne causent de préjudice.

---

42.   LA NOCTUELLE DU SALSIFIS.

(Scotophila tragopogonis, Dup.)

La chenille de ce Lépidoptère n'est pas rare dans les jardins potagers, où elle vit sur le salsifis, l'épinard, l'oseille, le chou et sur
d'autres plantes dont elle ronge les feuilles. On la trouve isolée et
les dégâts qu'elle fait sont ordinairement peu considérables. Elle est
rase, atténuée aux deux extrémités, verte, avec six lignes blanches finement bordées de noir. Son dos est un peu chagriné de

blanc et sa tête plus pâle que le corps. Le pourtour des stigmates, les pattes écailleuses et la couronne des pattes membraneuses sont noirs. Parvenue à toute sa taille elle se change en chrysalide dans une coque informe composée de débris de végétaux retenus par quelques fils de soie. La chrysalide est cylindrico-conique, d'un brun-noir, avec l'anus obtus et légèrement bifide. Le papillon se montre dans le mois de juillet.

Il se classe dans la famille des Nocturnes, la tribu des Noctué-lites, la sous-tribu des Amphypyrides et le genre *Scotophila*. Son nom entomologique est *Scotophila tragopogonis* et son nom vulgaire *Noctuelle du Salsifis*.

42. *Scotophila tragopogonis*, Dup. —Enverg. 35 à 40 mil. Les antennes sont filiformes, simples, brunes ; les palpes dépassent la tête, sont ascendants et recourbés, réunis au sommet et terminés par un article court, aigu ; la tête et le corps sont d'un brun-noi-râtre, avec des poils d'un gris-rougeâtre à la base de l'abdomen qui est terminé par une brosse de poils ; les ailes se croisent l'une sur l'autre par leur bord interne dans l'état de repos ; le dessus des supérieures est d'un noirâtre luisant, et il offre dans son milieu trois petites taches noires disposées ainsi à partir de la base : 1, 2 ; on remarque en outre trois petits points blanchâtres vers l'extrémité de la côte ; elles manquent des taches ordinaires, c'est-à-dire de l'orbiculaire et de la réniforme ; le dessus des ailes inférieures est d'un gris-livide, jetant un léger reflet rougeâtre ; le dessous des quatre ailes est d'un gris-pâle et luisant, avec un point obscur sur le disque.

On ne connaît d'autre moyen de détruire ce Lépidoptère que celui de lui faire la chasse au crépuscule et de rechercher sa chenille sur les plantes qu'elle ronge. Ses parasites n'ont pas encore été signalés.

43. — LA NOCTUELLE CEINTURE JAUNE.

(*Polia flavicincta,* Dup.)

La chenille de ce Lépidoptère vit sur le groseiller à maquereau
(*ribes grossularia*), sur la laitue, sur la chicorée sauvage, sur le
cerisier. Elle se rencontre dans les jardins où elle ne cause pas un
dommage sensible, parce qu'elle vit isolément et ne s'y trouve pas
en grand nombre à la fois. Elle est d'un beau vert-clair, avec
trois lignes longitudinales, dont une brune sur le milieu du dos,
et les deux autres jaunes placées latéralement au-dessous des stigmates qui sont blancs ; les pattes, écailleuses, sont jaunes, ainsi
que la tête, qui est très petite. On la trouve parvenue à toute sa
taille à la fin de mai ou au commencement de juin. A cette époque, elle descend au pied de la plante sur laquelle elle a vécu
pour y faire sa chrysalide sur terre, dans une coque de forme
ovale, composée de soie et de débris des corps environnants. Le
papillon paraît trois semaines après.

Il se classe dans la famille des Nocturnes, la tribu des Noctuélites, la sous-tribu des Hadénites et le genre *Polia.* Son nom entomologique est *Polia flavicincta,* et son nom vulgaire *Noctuelle
ceinture-jaune.*

43. *Polia flavicincta,* Dup. — Enverg. 40 à 44 mil. Les antennes sont rousses, filiformes, simples chez la femelle, biciliées chez
le mâle ; la tête est d'un gris mêlé de noirâtre et de quelques
points ferrugineux ; les palpes dépassent à peine la tête, sont larges, droits, velus, terminés par un article court et nu ; le corselet est de la même couleur que la tête ; les ailes supérieures sont
en dessus d'un gris plus ou moins sablé de brun et parsemé de
points fauves ou couleur rouille, avec plusieurs lignes transverses
et dentelées de couleur noirâtre. Les deux taches ordinaires, réniforme et orbiculaire, quoique placées sur un fond plus ombré
que le reste de l'aile, s'en distinguent à peine ; elles sont bordées

de couleur de rouille ; une rangée de points de la même couleur, placée sur des taches noirâtres et triangulaires, longe le bord terminal ; la frange, légèrement festonnée, est grise, entrecoupée de noirâtre ; les ailes inférieures sont en dessus d'un gris-blanchâtre, avec leur bord postérieur teinté de brun ou de noirâtre, une ligne arquée et un croissant central de la même couleur sur chacune d'elle ; le dessous des quatre ailes est du même gris que le dessus des inférieures ; elles sont traversées chacune par une ligne noirâtre et les inférieures ont de plus un croissant de la même couleur qui correspond à celui de dessus ; la frange est grise ; l'abdomen participe de la couleur des ailes inférieures.

On n'a pas encore signalé les parasites de cette Noctuelle.

44. — LA NOCTUELLE POLYODON.

(*Xylophasia polyodon*, Dup.)

La chenille de la Noctuelle polyodon, appelée Noctuelle radicée par Olivier, se tient constamment dans la terre où elle se nourrit des différentes plantes potagères dont elle ronge les racines. Elle éclôt à la fin de juin, croit pendant l'été et l'automne et passe l'hiver dans l'engourdissement ; elle achève sa croissance en avril et mai. A cette époque elle est grosse, cylindrique, d'un gris-bleuâtre, avec plusieurs points noirs sur chaque anneau dont quatre sur le dos et trois sur chaque côté du corps ; ceux-ci sont plus petits et placés triangulairement au-dessus de chaque stigmate ; les autres donnent naissance à autant de poils courts. Elle est en outre marquée longitudinalement de deux bandes dorsales d'un roux livide, interrompues par les jointures des anneaux ; la tête, l'écusson du premier anneau et la plaque anale sont d'un noir-luisant. Ayant achevé sa croissance en avril ou mai, elle ne tarde pas à se changer en chrysalide dans le lieu même où elle a vécu. Son papillon paraît en juin ou juillet de la même année.

Il se classe dans la famille des Nocturnes, dans la tribu des Noctuélites, la sous-tribu des Apamides et dans le genre *Xylophasia*. Son nom entomologique est *Xylophasia polyodon* et son nom vulgaire *Noctuelle polyodon*, *Noctuelle radicée*.

44. *Xylophasia polyodon*, Dup. — Enverg. 44 mil. Les antennes sont filiformes et brunes; les palpes sont ascendants, dépassant un peu la tête; les deux premiers articles sont épais et velus, le dernier grêle, cylindrique, obtus, court; la trompe est longue; la tête et le corselet sont d'un brun-roux; le contour des épaulettes et la partie antérieure de ce dernier sont dessinés par des lignes d'un brun-noir; les ailes supérieures sont en dessus d'un brun-roux plus ou moins foncé selon les individus et traversées par trois raies dentées d'une teinte plus pâle; la plus près de la base décrit trois angles aigus; celle qui longe le bord terminal en décrit un plus grand nombre dont ceux du milieu forment un M contre laquelle s'appuyent trois taches sagittées d'un brun-noir; l'intermédiaire décrit, à peu-près, les même angles parallèlement à celle dont on vient de parler; mais ils sont moins marqués; entre cette raie et celle de la base sont placées les deux taches ordinaires dont les contours sont finement dessinés en brun-noir; la réniforme est régulière; l'orbiculaire est très allongée. Indépendamment de cela on remarque trois lignes noires placées dans la direction des nervures, l'une sous les deux taches ordinaires, l'autre près du corselet et la troisième au bord interne près de la base; enfin la frange est dentée et séparée du bord terminal par une ligne festonnée d'un brun-noir; les ailes inférieures sont en-dessus, de la même couleur mais d'une teinte plus claire que les supérieures, avec leur extrémité lavée d'un brun-noirâtre; la frange est pâle; le dessous des quatre ailes est d'un brun-roux comme le dessus, mais plus clair au milieu que sur les bords, avec une lunule centrale grise à peine marquée sur chacune d'elles; l'abdomen est de la couleur des ailes; il est crêté chez le mâle et lisse chez la femelle et terminé par des faisceaux de poils divergents.

Pour détruire la chenille de cette espèce il faut la chercher au pied des plantes malades dont elle ronge les racines et écraser sa chrysalide si on la trouve en labourant les jardins. Ses parasites n'ont pas été signalés.

———

45. — LE BOTYS FOURCHU.

(*Pionea forficalis*, Dup.)

La chenille du Botys fourchu n'est pas rare dans les jardins potagers; elle vit cachée dans l'intérieur des feuilles des plantes, dont elle se nourrit. On la trouve particulièrement sur le chou cultivé et le raifort (*cochlearia armoracia*) dont elle ronge les feuilles. Elle est courte et rase, grosse vers la tête et amincie vers la queue. La tête et les pattes sont d'un brun-clair; le corps est généralement vert-terne, mais plus pâle sur les côtés que sur le dos, avec de nombreuses verrues blanches; une ligne jaune passe sous les stigmates et l'on voit en dessus de ceux-ci un point noir sur chaque anneau. Elle se montre deux fois par an, l'une en juin et juillet, l'autre en septembre et octobre. Lorsqu'elle est parvenue à toute sa taille, elle se renferme dans un cocon en forme de barillet, d'un tissu lisse, blanc à l'intérieur et revêtu extérieurement de molécules de terre et de débris de plantes. Le papillon paraît en août pour la première génération et en mai de l'année suivante pour la seconde génération.

Il se classe dans la famille des Nocturnes, la tribu des Pyralites, la sous-tribu des Scopulites et le genre *Pionea*. Son nom entomologique est *Pionea forficalis*, Dup. et son nom vulgaire *Botys fourchu*.

45. *Pionea forficalis*, Dup. — Enverg. 27 à 29 mil. Les antennes sont filiformes, d'un blanc-jaunâtre; la tête est de la même couleur ainsi que les palpes qui sont larges, très velus à la base, avec le troisième article aigu; le corselet et l'abdomen sont d'un

jaune très pâle; le dessus des ailes supérieures est d'un blanc-jaunâtre finement strié de jaune brun dans le sens des nervures,
avec plusieurs lignes ou raies obliques légèrement flexueuses et
parallèles, d'un brun ferrugineux, dont deux plus fines et plus
marquées que les autres, partent de l'angle supérieur et aboutissent
au milieu du bord interne. On remarque entre ces deux lignes, sur
le milieu de l'aile, une tache ferrugineuse surchargée de deux
points d'un noir-bleuâtre sur quelques individus; enfin on voit
un trait brun oblique à l'angle supérieur dont nous avons déjà
parlé. Le dessus des ailes inférieures est d'un blanc-jaunâtre uni
avec leur extrémité lavée de jaune brun et une raie noirâtre placée
à peu de distance du bord terminal auquel elle est parallèle; le
dessous des quatre ailes est d'un roussâtre pâle strié de brun dans
le sens des nervures, avec un croissant discoïdal et une raie dentelée d'un brun-noirâtre sur chacune d'elles. Dans le repos ce papillon porte ses ailes en toit aigu sur l'abdomen; elles sont larges
et leur angle apical est assez aigu.

Le *Botys fourchu* est commun dans les jardins potagers, mais
il ne vole que le soir et se tient caché pendant le jour; sa
chenille est fort nuisible lorsqu'elle se multiplie extraordinairement.

Je ne l'ai pas observée moi-même et ne connais pas ses parasites, ni les moyens de s'opposer à ses ravages.

---

46. — LA CECYDOMYIE DU CHOU.

(*Cecydomyia brassicæ*, Vin.)

La navette est une variété du navet (*Brassica napus*) que l'on
cultive dans les environs de Santiguy sur une petite échelle; on en
récolte seulement pour faire de l'huile que l'on consomme dans le
pays; mais dans d'autres contrées la culture de cette plante économique est beaucoup plus étendue et ses produits sont assez importants pour qu'il soit convenable de faire connaître les insectes

qui lui portent préjudice et les dégâts qu'ils lui causent. On doit compter parmi eux le petit moucheron dont on va parler.

Si l'on examine avec attention des champs de navette le 25 mai, on remarquera, dans certaines années, qu'il s'y trouve des siliques déformées et qui commencent à blanchir, tandis que les autres du même pied sont encore très vertes. La déformation consiste dans une courbure, un angle qu'elles forment comme si elles avaient été pliées en deux au milieu ou au tiers ou au quart de leur longueur. La silique a conservé à peu près la même grandeur que les autres; mais, outre qu'elle commence à blanchir, elle s'ouvre dans le sens de sa longueur; les deux valves dont elle est composée se séparent plus ou moins complétement et l'on aperçoit la petite cloison à laquelle sont attachées les graines. Ces dernières sont très-petites, déformées ou avortées et celles qui conservent leurs dimensions naturelles, en petit nombre, tombent à terre avant le temps de la récolte et sont perdues pour le cultivateur. Toutes les siliques blanchâtres et fendues ne renferment pas l'insecte destructeur, mais à côté d'elles on ne tarde pas à en remarquer d'autres qui sans être fendues présentent cependant une ligne blanchâtre longitudinale, qui annonce qu'elles ne tarderont pas à s'ouvrir. Si on opère leur ouverture on trouve dans leur intérieur des petits vers blancs en nombre plus ou moins considérable, depuis deux ou trois jusqu'à dix et plus. Ce sont ces petits vers qui sucent ou rongent les graines encore vertes, les empêchent de croître, les font avorter et causent la déformation de la silique, qui se plie de manière à former un angle plus ou moins ouvert. Ces petits vers agissent dans la silique de la même manière que les larves de la Cécydomyie du froment agissent dans les épis et causent autant de dégât dans les navettes que ces dernières dans les blés. Les siliques s'ouvrent juste au moment où les larves qu'elles renferment ont pris tout leur accroissement, ce qui leur permet de s'élancer à terre et de s'enfoncer dans le sol où elles subissent leur transformation en chrysalides. L'insecte parfait éclôt et prend son essor le 25 juin. Il est vraisemblable qu'une partie de la génération reste dans la terre où elle passe l'hiver pour éclore au printemps vers le temps de la floraison de la navette.

Lorsque la larve a pris tout son accroissement, elle a 1 1/2 mil. de long. Elle est d'un blanc de lait, presque linéaire, un peu déprimée, apode, glabre et molle. La tête est petite, conique, membraneuse, rétractile, terminée en devant par deux très petits palpes. Le corps est formé de onze segments assez bien séparés. Vue au microscope elle présente deux petits poils sur les côtés de chaque segment.

L'insecte parfait est classé dans l'ordre des Diptères, la famille des Némocères, la tribu des Gallitipulaires et dans le genre *Cecydomyia*. Son nom entomologique est *Cecydomyia brassicæ* et son nom vulgaire *Cécydomyie du chou*.

46. *Cecydomyia brassicæ*, Vinnertz. — Long. 1 1/2 mil. Elle est noire. Les antennes sont courtes, filiformes, noires, composées de douze articles, garnies de poils courts à chaque articulation; la tête est ronde, noire; le corselet est noir, élevé, bombé, plus large que la tête qui paraît basse et présente un peu de rouge sur les côtés sous l'origine des ailes; l'abdomen est plus long que la tête et le corselet, ové-conique, terminé en pointe et noir; les pattes sont longues, grêles, noirâtres, avec la base des cuisses moins foncée; les ailes dépassent l'abdomen; elles sont transparentes, noirâtres, velues et parcourues par trois nervures, longitudinales; l'oviducte, caché dans l'abdomen, est long, de couleur testacée fauve, composé de trois articles rentrant l'un dans l'autre.

Cette Cécydomyie, dont je n'ai pa vu le mâle, attaque aussi le Colza (*Brassica oleracea*) et y produit beaucoup de dégâts lorsqu'elle donne.

On ne connaît aucun moyen de la détruire et ses parasites sont encore à découvrir.

—

47. — LA PETITE MOUCHE BLEUE DES JARDINS.
(*Lonchœa vaginalis*, Macq.)

On voit fréquemment dans les jardins, posée surles feuilles des arbres, une petite mouche d'un beau bleu foncé brillant, ayant les yeux rouges, dont on peut être curieux de savoir le nom et de connaître l'origine. Voici ce que j'ai pu en découvrir. Sa larve vit dans les tiges de chou rongées intérieurement par celles du *Baris chlorizans*, Curculionite dont on a parlé précédemment. Elle se nourrit, à ce que je suppose, de la moëlle altérée, éprouvant un commencement de décomposition par suite de la présence de la larve de ce Coléoptère. On la trouve dans ces tiges, arrivée à toute sa taille, dans les premiers jours de septembre. Le 5 de ce mois il y a des larves qui ont déjà subi leur transformation en pupes et d'autres qui ne se sont pas encore transformées.

Cette larve a 8 mil. de long. Elle est fluette, atténuée en cône à sa partie antérieure, blanche, luisante, subhyaline, apode. Sa tête est conique, molle, armée d'un double crochet noir caché en dedans. Le corps est formé de onze segments. On distingue, au bord postérieur du premier, deux petites pointes courtes, charnues, placées sur les côtés du dos, qui sont les stigmates antérieurs. Le dernier est arrondi en arrière et porte deux tubercules noirs, ronds, saillants, rangés sur une ligne horizontale, voisins l'un de l'autre. Ces tubercules sont les stigmates postérieurs. En dessous de ce segment on voit, lorsque la larve marche ou plutôt lorsqu'elle rampe, saillir un mamelon charnu qui fait l'office de patte et qui rentre quand le mouvement cesse. La demi-transparence de la peau permet d'apercevoir les deux vaisseaux flexueux, blancs, trachéens, qui vont, en suivant les côtés du corps, des stigmates postérieurs aux antérieurs; mais l'œil ne peut les suivre jusqu'à ces derniers points.

Cette larve, arrivée au terme de sa croissance, sort de la tige du chou dans laquelle elle a vécu, s'enfonce dans la terre à une petite profondeur et se change en pupe au bout de peu de temps. Cette pupe a 4 mil. de long. Elle est cylindrique, atténuée aux deux bouts, d'un rouge ferrugineux, formée de neuf segments bien marqués. Les extrémités sont noires, armées de deux petites pointes chacune. La mouche en sort vers le 5 octobre.

Elle fait partie de la famille des Athéricères, de la tribu des Muscides, de la sous-tribu des Lauxanides et du genre *Lonchœa*. Son nom entomologique est *Lonchœa vaginalis*, et son nom vulgaire *Petite mouche bleue des jardins*.

47. *Lonchœa vaginalis*, Macq. — Long. 5 mil. Elle est d'un bleu-noir luisant. Les antennes sont noires, ne descendant pas jusqu'à l'épistome, à troisième article triple du deuxième, surmonté d'un style simple ; la trompe est terminée par deux lèvres épaisses ; les palpes sont noirs, courts, en massue ; la bande frontale est d'un noir-bleu ; les yeux sont rouges, le corselet, l'écusson et l'abdomen sont d'un bleu-noir, lisse, luisant ; ce dernier, presque circulaire, est un peu plus large que le thorax, terminé par un oviducte grêle de trois articles, presqu'aussi long que lui ; les pattes sont noires et les cuisses antérieures ciliées en dessous ; les ailes sont transparentes, à base jaunâtre et nervures noires ; elles dépassent de beaucoup l'abdomen ; la première cellule postérieure est ouverte à l'extrémité de l'aile.

Le mâle ressemble à la femelle, excepté qu'il n'a pas d'oviducte.

Les larves de cette mouche vivent en nombre assez considérable dans une tige de chou attaquée par le *Baris chlorizans* et achèvent de détruire la moëlle et de réduire la tige en fumier.

—

48-52. — LES MOUCHES DE LA TRUFFE (1).

(*Sciara atra*, G. - *cheilosia mutabilis*, Macq. — *Curtonevra stabulans*, Macq. — *Helomiza tuberivora*, Macq. — *Phora tuberum*, G.)

La truffe (*Tuber cibarium*) est un végétal cryptogamique, une espèce de champignon fort estimé des gourmets dont on fait une grande consommation en France. Elle croît spontanément dans les bois et forêts de chêne et se multiplie d'une manière occulte, en sorte qu'on n'est pas encore parvenu à la reproduire artificiellement.

(1) M. le Dr Laboulbène a publié dans les annales de la Société Entomologique de France pour 1864 un mémoire sur les insectes tubérivores dont je n'ai pu profiter à mon grand regret ; je n'en ai eu connaissance qu'au mois de décembre et mon manuscrit était déjà entre les mains de la Société des Sciences de l'Yonne depuis cinq ou six mois.

Considérée sous ce point de vue elle n'est ni une plante de jardin, ni de grande culture et ne devrait pas figurer dans ce petit traité. Cependant comme elle est un produit de la terre et une plante économique alimentaire, qu'elle est abondante, très répandue et fort recherchée pour la cuisine somptueuse des riches, je crois devoir parler des insectes qui s'en nourrisent, qui la gâtent et qui détruisent une grande quantité de ces tubercules.

La concurrence qui s'est établie entre les truffiers de Châtel-gérard, de Vassy et autres lieux voisins de Santigny, les porte à se devancer dans la recherche de ce précieux végétal et ils le récoltent avant sa maturité, dès les premiers jours d'août, lorsque sa chair est encore blanche ou simplement marbrée de quelques veines brunes et noires. A cette époque il recèle déjà les œufs de plusieurs insectes et paraît parfaitement sain; mais lorsque ces œufs sont éclos, une multitude de petits vers se logent dans la substance du végétal, s'y creusent des galeries, le rongent et l'altèrent profondément; ils l'ont bientôt amené à un tel état de putréfaction et d'infection qu'on doit se hâter de le jeter sur le fumier. Si la récolte ne se faisait qu'à l'époque de la maturité, on aurait des truffes bien parfumées, de bonne qualité et presque toutes exemptes de vers, parce que le truffier ne ramasserait pas celles qui seraient en état de putréfaction. Mais l'avidité de cet industriel jointe à l'amour mal entendu des primeurs, fait que le premier vend des truffes remplies d'œufs d'insectes et que le second achète un fruit sans saveur que se corrompt au bout de quelques jours et dont il ne peut tirer aucun parti.

La petite mouche dont il est ici question est classée dans la famille des Némocéres, dans la tribu des Fongitipulaires et dans le genre *Sciara*. Sa larve vit et se développe dans la truffe. C'est tout ce que je sais de son histoire, car je ne l'ai pas vue et je ne sais pas au juste comment elle se comporte. Il est probable qu'elle ressemble à celles des Fongitipulaires qui vivent dans diverses espèces de champignons des bois et qu'elle en a les habitudes, c'est-à-dire qu'elle ronge la truffe pour se nourrir et que parvenue à toute sa croissance elle quitte ce végétal pour entrer dans la terre et s'y changer en chrysalide. L'insecte parfait a paru chez moi le 14 septembre.

48. *Sciara atra*, G. — Long. 2 mil. Elle est d'un noir-mat uniforme. Les antennes sont sétacées, finement velues, de la longueur du corps, composée de seize articles dont les deux premiers plus gros que les autres ; la tête est globuleuse, le museau très court; les palpes sont de trois articles et les yeux réniformes ; le thorax est plus élevé que la tête ; l'abdomen est cylindrique, deux fois aussi long que la tête et le thorax, terminé par un appendice en crochet chez le mâle, en pointe chez la femelle ; les pattes sont noires et les cuisses noirâtres ; les tibias sont terminés par une seule épine, et les postérieurs sont en outre garnis de deux rangs de petites spinules ; les ailes sont transparentes, à nervures noires ; elles sont parcourues par cinq nervures longitudinales dont la première aboutit au milieu de la côte et la troisième se bifurque à son extrémité. Il n'y a qu'une nervure transversale, très courte, entre la première et la deuxième; la côte est ciliée; les balanciers sont noirâtres.

Parmi les vers qui rongent les truffes et qui contribuent à leur putréfaction on en aperçoit quelques-unes dont la forme se fait requer par une taille assez grande et une queue qu'ils portent à l'une de leurs extrémités. Ces vers ou larves restent cachés dans l'intérieur du végétal pendant leur jeunesse et pendant le temps qu'ils emploient à grandir ; mais parvenus au terme de leur croissance ils sortent de la masse corrompue, se promènent un peu à l'entour, y rentrent bientôt pour achever leur développement; puis ils la quittent définitivement pour se réfugier dans un lieu propice à leur transformation en pupes. Lorsqu'on tient les truffes renfermées dans un bocal, ces larves, ne pouvant pas s'échapper, se cachent sous le magma qui en couvre le fond ou entre des fragments de truffes qui non pas subi une entière décomposition ; mais lorsqu'elles sont libres et dans leur état naturel, elles entrent dans la terre pour y effectuer leur métamorphose ; ce qui a lieu vers le 20 août ou plus tard, selon la saison.

Parvenues à toute leur croissance, elles ont 9 à 11 mil. de long. Elles sont blanches, molles, apodes, susceptibles de s'allonger et de se raccourcir, glabres, formées de onze segments qui eux-mêmes semblent composés de deux anneaux soudés ensemble ; elles sont un peu fusiformes, c'est-à-dire plus grosses au milieu qu'aux extrémités. Ce qu'elles présentent de plus remarquable est le tube caudal, long de 2 mil., subcylindrique, jaunâtre, un peu plus gros à l'extrémité qu'à la base, percé de deux petits trous qui se prolongent dans toute sa longueur, par lesquels l'air pénètre dans les trachées pour entretenir la respiration et la vie de l'animal. Cette queue est comme formée de deux tubes pressés l'un contre l'autre et soudés ensemble. La tête de la larve est molle et charnue comme le reste du corps ; elle se termine en devant par deux petites pointes de même consistance qu'elle, qui sont deux palpes ; au-dessous des palpes on voit l'extrémité d'un double crochet situé dans la bouche et qui forme, comme dans les larves des autres Muscides, une sorte de mâchoire supérieure pouvant sortir et rentrer et apporter, jusque dans l'œsophage, les aliments qu'il a piochés et divisés. Le segment qui suit la tête offre, à sa partie postérieure, de chaque côté du dos, un petit bouton conique qui est un stigmate ; cette larve est donc pourvue de deux stigmates antérieurs et d'un double stigmate postérieur.

Cette larve se contracte et se raccourcit beaucoup lorsqu'elle veut se métamorphoser en pupe, et sa couleur devient d'un grissale et terreux. Elle se change en chrysalide sous sa peau qui se durcit comme le font les larves de toutes les Muscides. La pupe a la forme d'un demi-ellipsoïde terminé par une queue, et sa longueur est de 6 mil. L'insecte parfait se montre vers le 8 septembre, mais une partie de la génération n'éclôt pas et passe l'hiver dans la terre à l'état de pupe pour se montrer l'été suivant, du 15 au 20 juin.

Ce Diptère fait partie de la famille des Athéricères, de la tribu des Syrphides et du genre *Cheilosia*. Son nom entomologique est *Cheilosia mutabilis* et son nom vulgaire *Chéilosie de la truffe*.

49. *Cheilosia mutabilis*, Macq. — Long. 9 mil. Elle est d'un vert sombre. Les antennes sont presque contiguës à la base; les deux premiers articles sont noirs; le troisième est orbiculaire, fauve, bordé d'une ligne noire, surmonté d'un style cilié vu à une forte loupe; la face est d'un vert-noir luisant, concave, sous les antennes, à proéminence au milieu et épistome saillant; les yeux sont bruns, écartés; la bande frontale est large, d'un vert-noir; le dessous de la tête est garni de duvet blanc; le thorax est vert, un peu bronzé, ponctué et glabre; l'écusson a la même couleur et la même ponctuation; l'abdomen est un peu plus long que la tête et le thorax, ovalaire, d'un vert-noirâtre, luisant, finement ponctué, un peu pubescent, arrondi au bout; les hanches et les cuisses sont vertes, à extrémité fauve; les tibias fauves; les postérieurs sont ornés d'un large anneau vert au-delà du milieu. Les tarses antérieurs et moyens sont fauves, sauf le dernier article qui est noir; les postérieurs sont noirs, soyeux en dessous; les ailes dépassent un peu l'abdomen; elles sont transparentes, à nervures noirâtres; les cuillerons et les balanciers sont blancs.

La truffe est du goût de diverses espèces de mouches dont les larves la dévorent pour s'en nourrir. L'une de ces espèces, qui n'est cependant pas la plus dangereuse pour ce tubercule, lui est cependant fort nuisible à cause de sa taille et de sa voracité et surtout de la propriété qu'elle a de le faire tomber en putréfaction en peu de temps. Vers le 10 août on voit sortir des truffes de grosses larves blanches qui se promènent sur leur surface ou qui rampent sur les parois du bocal dans lequel on les a renfermées, qui se plongent volontiers dans le magma putride qui en couvre le fond et qui finissent par disparaître. Ces larves ont environ 12 mil. de long. Elles sont blanches, molles, glabres, apodes, de forme cylindrico-conique, susceptibles de s'étendre et de se raccourcir dans une notable latitude. Leur tête est conique, charnue, et peut rentrer dans le premier segment; elle présente, en devant, deux petites pointes de même consistance qui sont les palpes et au-dessous entre les deux palpes, un double crochet noir qui se prolonge dans l'intérieur de la tête et du premier segment comme deux petits crins. Ce crochet sert à piocher la nourriture et à la porter dans la bouche située au-dessous du crochet. Le nombre des segments du corps est de onze, assez difficiles à compter à cause de leur mobilité ; le dernier est tronqué obliquement et son bord postérieur est entouré de petites dents charnues au centre desquelles se trouvent deux petits boutons noirs égaux, sur une ligne horizontale, dans lesquels s'ouvrent les stigmates. Les dents peuvent se rabattre, s'engrener et couvrir les stigmates, ce qui empêche les matières visqueuses d'en fermer les ostioles et permet toujours à l'air de parvenir aux trachées et d'entretenir la respiration et la vie dans un milieu où l'on pourrait craindre que la larve ne mourût étouffée. Les stigmates antérieurs se voient, sous la forme de deux boutons, sur le bord postérieur du premier segment du corps et se cachent, à la volonté de l'animal, sous le bord antérieur du deuxième segment, ce qui les met à l'abri du contact des matières visqueuses qui pourraient les obstruer.

Dès que ces larves ont pris leur entière croissance et qu'elles n'ont plus besoin de manger elles se retirent dans un coin du bocal ou dans un trou d'un fragment de truffe non décomposé; elles se contractent et passent à l'état de pupe au bout de quelques heures. Lorsqu'elles sont en liberté elles entrent dans la terre pour exécuter ce changement. La pupe est ovale, ferrugineuse, longue de 7 mil. sur 3 mil. de diamètre. La mouche commence à éclore le 30 août et continue à sortir pendant les deux ou trois jours suivants.

Ce Diptère fait partie de la famille des Athéricères, de la tribu des Muscides, de la sous-tribu des Muscies et du genre *Curtonevra*. Son nom entomologique est *Curtonevra stabulans* et son nom vulgaire *Curtonèvre de la truffe.*

50. *Curtonevra stabulans*, Macq. — Long. 8 mil. Les antennes sont noires, avec la base du troisième article fauve; elles descendent aux deux tiers de la hauteur de la face; le deuxième article porte des soies courtes en dessus; le troisième est à peu près triple du deuxième en longueur et surmonté d'une soie plu-

meuse ; la face est concave, d'un blanc-argenté à reflets noirs ; l'épistome est fauve, un peu saillant ; la trompe et les palpes sont fauves ; les yeux sont nus, d'un brun-rougeâtre ; la bande frontale est noire, marquée d'un point blanc à la base des antennes ; l'orbite interne des yeux est argenté ; le thorax est de la largeur de la tête, noir, à raies cendrées ; l'écusson est cendré, avec l'extrémité fauve ; l'abdomen est de la longueur de la tête et du thorax, de couleur cendrée, à taches de reflets noirs, ayant deux taches sur chaque segment ; le dernier est garni de soies ; les cuisses antérieures sont noires, avec l'extrémité fauve ; les moyennes, noires de la base au milieu, le reste fauve ; les postérieurs fauves à base noire ; les tibias sont fauves et les tarses noirs ; les pattes sont ciliées ; les ailes sont divergentes et dépassent un peu l'abdomen ; elles sont hyalines, un peu grises, à nervures noires ; la première cellule postérieure est presqu'entièrement ouverte à l'extrémité de l'aile ; les cuillerons sont d'un blanc-jaunâtre.

Le mâle se distingue de la femelle par la bande frontale plus étroite, les yeux plus rapprochés et une nuance fauve de chaque côté du deuxième segment de l'abdomen.

Robineau-Desvoidy a signalé, comme se développant dans la truffe, une autre mouche qu'il nomme *Muscina grisea*, laquelle entrerait dans le genre *Curtonevra*, Macq., et qui ressemble beaucoup à la *Curtonevra stabulans*. Je ne l'ai pas remarquée dans les recherches que j'ai faites des insectes qui vivent dans la truffe, et c'est d'après son autorité que je la cite.

51. *Curtonevra grisea* (*Muscina grisea,*) R. D. — Long. 9 mil. Voisine de la *Curtonevra stabulans*; le troisième article des antennes est noir à la base; le corselet est noir de pruneau luisant, avec des lignes cendrées ; le sommet de l'écusson est ferrugineux ; l'abdomen est garni de reflets noirs et de reflets gris, avec du fauve sur les côtés des troisième et quatrième segments.

♀ est semblable au mâle, mais les côtés de la face et du front sont gris.

L'auteur que j'ai cité dit que cette espèce a été prise sur les
fleurs des Ombellifères; qu'elle paraît assez rare, et que sa larve
vit dans les champignons et dans la truffe.

Cette mouche est celle qui nuit le plus à la truffe et qui en
détruit la plus grande quantité. Les larves qui la produisent s'y
creusent des galeries et se nourrissent des déblais qu'elles font.
Elles rendent par l'anus une matière blanchâtre de consistance
de bouillie claire qui se mêle à leurs excréments et aux débris
qu'elles produisent. Cette bouillie hâte singulièrement la décomposition et la putréfaction de la truffe qui se change en très peu
de temps en un magma infect. On reconnaît qu'elle est atteinte
par ces vers lorsqu'elle est molle, qu'elle cède sous la pression
du doigt et qu'elle n'exhale pas une odeur franche et agréable.
On trouve ces larves dans les derniers jours d'août et les premiers de septembre. Elles croissent rapidement et commencent
à se changer en pupes vers les 3 et 4 septembre. Dès quelles ont
atteint leur entière croissance, elles sortent des truffes et s'enfoncent dans la terre, où elles subissent cette transformation au
bout de quelques heures.

Parvenues à toute leur taille, elles ont 9 mil. de long. Elles sont
blanches, molles, glabres, apodes, de forme ové-conique; elles
peuvent s'allonger ou se raccourcir. Elles sont formées de onze segments et du dessous de chacun d'eux elles peuvent faire sortir
un mamelon charnu qui leur sert de patte pour marcher, lequel
disparaît quand l'animal n'a plus besoin d'en faire usage; leur tête
est conique et molle; elle est armée d'un double crochet noir,
comme la larve décrite précédemment, à laquelle elle ressemble
beaucoup, mais les stigmates antérieurs n'ont pas la même forme.
Ceux de l'Hélomyse ressemblent à un petit champignon dont les
bords du chapeau sont crénelés. L'extrémité postérieure est tron-
quée obliquement et les bords de la troncature sont garnis de huit
dents charnues qui peuvent se replier, s'engréner les unes dans
les autres, de manière à recouvrir les stigmates postérieurs qui
s'ouvrent dans deux petits tubercules noirs situés entr'elles.

La pupe a 8 mil. de long. Elle est ovoïde, d'un rouge ferrugi-

neux. On y distingue onze segments faiblement marqués ; l'extrémité antérieure est un peu aplatie, bordée d'une sorte de cordon,
avec deux tubercules sur les côtés ; le bout opposé présente deux
tubercules noirs ; ces quatre tubercules correspondent aux stigmates de la larve. L'insecte parfait commence à se montrer le 11
octobre et continue à sortir jusqu'au 19.

Il entre dans la famille des Athéricères, dans la tribu des Muscides, dans la sous-tribu des Scatomyzides et dans le genre *Helomyza*. Son nom entomologique est *Helomyza tuberivora* et son
nom vulgaire *Hélomyze* de la truffe.

52. *Hemolyza tuberivora*, Macq. — Long. 8 mil. Elle est d'un
ferrugineux pâle. Les antennes sont courtes, inclinées, fauves,
avec le troisième article noirâtre en dessus, surmonté d'une soie
plumeuse. La face est verticale et pâle ; l'orbite interne des yeux
est blanc ; les yeux sont rougeâtres ; l'occiput est d'un brun-rouge ; la trompe est d'un rouge très pâle et les palpes sont velus ;
le thorax est brun-rougeâtre en dessus, avec une ligne dorsale noirâtre et quatre lignes de soies noires ; l'abdomen est d'un rouge
pâle garni de soies noires au bord des segments ; les pattes sont
testacées, avec un peu de noirâtre à l'extrémité des cuisses et des
tibias ; le dessous des cuisses est cilié ; les trois derniers articles
des tarses sont noirs ; les ailes sont transparentes, un peu enfu-
mées ; les nervures transversales sont bordées de brun et la côte
est garnie de cils courts ; les balanciers sont blanchâtres.

Le mâle est semblable à la femelle ; mais l'extrémité de son abdomen est un peu renflée et arrondie en boule.

On trouve encore dans les truffes corrompues une autre
petite larve qui y vit et y prend son accroissement. Elle y est
ordinairement en grand nombre et on l'a voit fourmiller sur les
tubercules ou sur la marmelade infecte résultant de leur décomposition Elle appartient à un diptère comme les précédentes, mais
à un diptère de très petite taille. Elle a 3 à 4 millimètres de
long. Elle est blanchâtre, molle, glabre, apode, rétractile et conique ; la tête est armée d'un crochet noir proportionné à sa taille,

qui sert à la larve à piocher sa nourriture et à la porter dans sa
bouche; le premier segment du corps présente à son bord postérieur deux très petites pointes qui sont les stigmates antérieurs.
Le dernier segment est tronqué et présente quatre dents membraneuses à sa partie inférieure, deux dents plus petites sur les côtes et
deux tubercules peu saillants vers le centre de la troncature, lesquels sont les stigmates postérieurs. Lorsqu'elle marche ou se remue on voit sortir de chacun de ses anneaux un mamelon ventral
qui fait l'office de patte et un mamelon conique pointu de chaque
côté. Les mamelons et les pointes rentrent dans le corps à la volonté de l'animal. Cette larve est très vive; elle s'agite et se remue
continuellement. Lorsqu'elle est arrivée au terme de sa croissance
elle entre dans la terre et se change en pupe longue de 3 mil., d'un
blanc-jaunâtre, lisse, atténuée aux deux bouts et un peu courbée
en bateau, sur laquelle on distingue les deux tubercules stigmati-
ques de l'extrémité postérieure et plusieurs petites pointes en arrière et en dessous. Elle passe l'hiver dans la terre et l'insecte parfait en sort vers le 16 juin de l'été suivant.

Cette petite mouche se classe dans la famille de Athéricères, dans
la tribu des Muscides, la sous-tribu de Hypocères et dans le genre
Phora. Son nom entomologique est *Phora tuberum*, G., et son
nom vulgaire *Phore de la truffe*.

53. *Phora tuberum*, G. — Long. 2 à 3 mil. Il est noir. La tête
est petite; les antennes sont noirâtres, très courtes, paraissant formées d'un seul article globuleux, insérées au bas de la face et surmontées d'une longue soie; la trompe et les palpes sont testacés;
ces derniers sont terminés par des soies noires; le thorax est noir
et porte quelques soies sur le dos; l'abdomen est noir en dessus,
noirâtre en dessous, formé de sept segments; les pattes sont nues,
d'un testacé noirâtre; les antérieures sont plus claires; les hanches
sont longues et les antérieures garnies de soies noires à l'extrémité; les ailes sont hyalines; la côte est ciliée de la base au milieu, la troisième nervure longitudinale se bifurque à son extrémité; le front est garni de soies courbées en arrière.

On peut se demander comment s'y prennent les mouches dont on vient de parler pour pondre leurs œufs sur les truffes cachées sous terre. Ces insectes sont privés d'instruments propres à fouir le sol et à découvrir les tubercules ; ils ne possèdent pas de tarière à l'aide de laquelle ils pourraient les enfoncer dans le sol et les placer sur ce cryptogame qui devrait être, à ce qu'il semble, à l'abri de leurs atteintes. Mais il n'en est pas ainsi, car ce tubercule croit près de la surface du sol, dans des lieux dénudés d'herbe et en augmentant de volume il soulève la terre qui le recouvre, ce qui y produit des fissures dans lesquels les mouches s'introduisent et parviennent jusqu'aux truffes sur lesquelles elles pondent leurs œufs. L'une des espèces, la *Cheilosia mutabilis* femelle, est pourvue d'un long oviducte membraneux caché dans son corps, qu'elle en fait sortir à volonté. Cet oviducte, composé de trois tubes rentrant les uns dans les autres, s'introduit dans les fissures de la terre et porte les œufs sur les truffes voisines de la surface du sol.

Les larves de ces mouches renfermées dans les truffes et cachées dans la terre ne sont cependant pas hors de l'atteinte des parasites. Le 15 juin j'ai vu voltiger un de ces insectes dans le bocal où je gardais des truffes véreuses pour en recueillir les animaux destructeurs. Mais les parasites ne sont pas communs, soit à cause de la difficulté qu'ils éprouvent à parvenir aux larves, dans lesquelles ils doivent pondre leurs œufs, soit parce que mes truffes avaient été récoltées trop tôt, avant la naissance de ces parasites, soit parce que mes recherches ont été faites dans des années ou ils n'étaient pas communs. Je n'ai obtenu qu'un seul Ichneumonien de la sous-tribu des Braconites, d'une taille très minime, sorti d'une pupe du *Phora tuberum*.

Il se classe dans une des sections du genre *Bracon* de Nées d'Esembeck et dans le genre *Opius*. Wesm. Je lui ai donné le nom de *Longistigma*, ne l'ayant pas trouvé d'écrit dans les ouvrages de ces deux auteurs.

16. *Opius longistigma*, G. — Long. 2 1/2 mil. Il est d'un noir

luisant. Les antennes sont filiformes, noires, composées de vingt-quatre articles. La tête et le thorax sont noirs, luisants ; l'abdomen est noir, sub sessile, de la longueur du thorax et même un peu plus ; le premier est rugueux en dessus, rétréci graduellement jusqu'au sommet ; les autres segments forment un ovale terminé en pointe ; les pattes sont d'un testacé brunâtre avec les cuisses noires en dessus ; les hanches sont d'un testacé-jaunâtre ; les tarses sont testacés ; les ailes sont hyalines à nervures noires ; les supérieures sont pourvues d'une grande cellule radiale atteignant le bout de l'aile, de trois cellules cubitales dont la deuxième plus longue que large est rétrécie à son extrémité ; elle reçoit la nervure récurrente à son extrémité ; le stigma est long, très étroit, linéaire.

L'individu que l'on vient de décrire est un mâle dont la femelle est à découvrir.

On ne connait aucun moyen d'empêcher les mouches, dont on vient de faire l'histoire, de pondre leurs œufs sur les truffes, puisque cette opération se fait dans les bois et dans des lieux inconnus. Mais lorsqu'on achète de ces tubercules on doit s'assurer par le tact qu'ils sont fermes, par l'odorat qu'ils sont sains ; on doit en ouvrir quelques uns pour voir s'ils ne recélent pas des petits vers. Si malgré ces précautions on s'aperçoit, le lendemain ou le surlendemain, que des vers s'y sont mis, on devra les passer au four après que le pain en a été tiré ou les exposer à une chaleur semblable dans un vase, ce qui fera périr les vers et desséchera les œufs qui ne seront pas encore éclos ; ou bien on pourra plonger les truffes dans l'huile et les y laisser jusqu'au moment de leur emploi, ce qui est un moyen de les conserver et de faire périr les insectes qu'elles peuvent recéler.

L'*Hemolyza tuberivora* est facile à reconnaitre à cause de sa couleur fauve. Lorsqu'on la voit dans un bois on peut être assuré qu'il contient des truffes dans son sol et si, en la suivant des yeux, on la voit voler près de terre et se poser sur le sol dépourvue d'herbe, on sera presque sûr qu'en fouillant dans ce point on y trouvera des truffes.

LES MOUCHES DES CHAMPIGNONS.

54 à 64. — (*Mycetophila maculata. Cordyla crassicornis. Cur-tonevra aperta. Fungivora-sapromyza suillorum. Drosophila transversa. Nemopoda cylindrica, etc.*).

Lorsqu'on récolte, en automne, un champignon dans les bois ou sur les pelouses, soit que l'espèce soit comestible ou vénéneuse, on trouve ordinairement qu'elle est véreuse. Si on la casse pour en examiner l'intérieur on y voit une multitude de vers blancs qui se remuent, qui fourmillent et qui ont envahi toute la plante. Ils sont logés dans le pied et dans le chapeau ; ils y creusent des galeries dans tous les sens et mangent, pour se nourrir, la substance du végétal qui se trouve remplacée par les excréments qu'ils rendent sous la forme de petits grains d'un blanc-jaunâtre. Le champignon ainsi attaqué est bientôt rongé et ce qui en reste, réduit en pourriture, s'affaisse sur le sol qui l'a produit. J'ai remarqué que les espèces comestibles qui croissent dans les bois des environs de Santigny comme la Girolle (*Merulius cantharellus, Agaricus cantharellus*), le buissonnet ou diablat (*Clavaria corraloïdes*) renferment rarement des vers ; que le Prevat (*Agaricus infundibuliformis*) le champignon cultivé (*Agaricus edulis*), venant dans les prés, en contiennent assez fréquemment ; tandis que les espèces vénéneuses en sont rarement exemptes et le plus souvent en fourmillent. Ces vers grandissent rapidement, car la plante elle-même n'a qu'une courte durée qui doit suffire à la larve pour son entière croissance. Lorsque ces larves n'ont plus à grossir et qu'elles n'ont plus besoin de manger, elles quittent le champignon dans lequel elles ont vécu et entrent dans la terre pour y subir leur transformation en pupe ou en chrysalide.

Ces vers ou larves ne sont pas tous de la même espèce ; ils diffèrent non seulement par la taille, mais encore par la forme et donnent naissance à des insectes de familles et de genres différents. Je vais faire connaître succinctement ceux qui sont éclos dans des bocaux où j'ai déposé des champignons véreux.

8

Les larves les plus nombreuses, celles qui fourmillent dans les champignons, celles qu'on y remarque au premier coup d'œil, ne sont pas grosses; elles ont 6 à 8 mil. de long. Elles sont blanches et luisantes, glabres, apodes et cylindriques; elles sont formées de douze segments peu séparés, sans compter la tête qui est noire, ovoïde, et dont les parties de la bouche ne se distinguent pas nettement. Le premier segment porte de chaque côté un point noir assez gros qui est un stigmate, et les autres segments un petit point noir aussi de chaque côté formant autant de stigmates; ces petites ouvertures respiratoires sont au nombre de dix-huit. Ces larves font sortir, à volonté, de la ligne de séparation des anneaux du ventre, un mamelon transversal armé de deux rangs de spinules brunes qui servent à la progression en guise de pattes et dont l'animal fait usage en s'aidant en outre de sa bouche comme d'un grappin qu'il fixe sur son chemin.

On remarque des larves de différentes dimensions, semblables à celles que l'on vient de décrire, au moins pour les traits généraux, qui produisent des insectes de la même famille, mais d'espèces diverses. Celles que j'ai récoltées se sont enterrées les 26 et 27 août et dès le 4 septembre les insectes parfaits ont commencé à s'envoler. Le premier qui a paru fait partie de la famille des Némocères, de la tribu des Fongitipulaires et du genre *Mycetophila*. Son nom entomologique est *Mycetophila maculata*, Macq.

55. *Mycetophila maculata*, Macq. — Long. 5 mil. Elle est ferrugineuse; les antennes sont de la longueur de la tête et du corselet, ferrugineuses, brunissant à l'extrémité, formées de seize articles dont les deux premiers sont les plus gros; la tête est petite, ronde, basse, ferrugineuse; les palpes, composés de trois articles allongés, sont d'un ferrugineux pâle; les yeux sont noirs, ronds, saillants; le thorax est gros, bossu, ferrugineux; l'abdomen est un peu rétréci à la base, deux fois aussi long que la tête et le thorax, formé de huit segments, terminé en pointe chez la femelle, d'un ferrugineux pâle, marqué d'une tache dorsale noire sur chacun, plus grande sur les premiers, plus petite sur les derniers; les

pattes sont longues, testacées ; les tibias postérieurs et moyens
sont garnis de deux rangs d'épines noires ; les ailes sont hyalines,
lavées de jaune et couchées sur l'abdomen dont elles atteignent
l'extrémité ; leur cellule marginale est simple.

Chez le mâle les segments de l'abdomen sont noirâtres, bordés
de testacé.

Les espèces du genre *Mycetophyla* sont très nombreuses et
leurs larves doivent détruire une immense quantité de champignons.

Le second diptère s'est montré le 5 septembre ; il appartient à
la même tribu des Tipulaires fongicoles, mais à un autre genre, celui de *Cordyla*, caractérisé par des antennes courtes, en fuseau,
composées de douze articles ; des palpes de trois articles diminuant
de grosseur de la base à l'extrémité ; le corselet élevé, bossu ;
l'abdomen deux fois aussi long que la tête et le thorax ; les pattes
longues ; les tibias terminés par deux épines ; les ailes de la longueur de l'abdomen, à nervure marginale simple. L'espèce se rapporte à la *Cordyla crassicornis*, Meig.

56. *Cordyla crassicornis*, Meig. — Long. 3 mil. La tête et les
antennes sont noires ; les palpes bruns ; le corselet et l'abdomen
sont noirs ; les hanches, les cuisses et les tibias sont pâles ; l'extrémité des cuisses postérieures et les tibias correspondants sont
noirs ; les tibias des autres pattes sont pâles à la base et noirs à
l'extrémité. Les ailes sont noires.

La tribu des Tipulaires fongicoles renferme un très grand nombre d'espèces réparties dans plusieurs genres. Les auteurs qui ont
traité de ces insectes admettent que leurs larves se développent
dans les champignons dont elles doivent faire une immense destruction.

Outre les Tipulaires fongicoles, les champignons nourrissent les
larves d'autres Tipulaires d'une taille très exiguë, appartenant à
une tribu différente, à celle des Gallitipulaires ou Tipulaires galli-
coles. Le 23 juillet, j'ai vu sortir d'un champignon gâté, conservé
dans un bocal, une Cécydomyie dont l'espèce n'a pu être déter-

minée rigoureusement à cause de l'état de détérioration dans laquelle elle se trouvait au sortir de sa prison ; et le 11 septembre une Psychode, ayant beaucoup d'analogie avec la *Psychodes nervosa*, s'est montrée dans un autre bocal contenant un champignon de la même espèce.

On rencontre très fréquemment dans les champignons des larves très différentes, pour la forme, de celles qui produisent des Tipulaires et que l'on reconnaît au premier aspect pour appartenir à des Muscides (mouches). Elles sont blanches, glabres, apodes, de forme ovée-conique, terminées en pointe du côté de la tête qui est molle, rétractile et renferme un double crochet noir écailleux, de la grosseur d'un crin ou d'un cheveu, qui sert à piocher la nourriture et à la porter dans la bouche. Ces larves peuvent s'allonger ou se raccourcir d'une manière notable ; elles déchirent les champignons pour se nourrir de leur chair. On en voit de différentes tailles dans le même végétal, des petites, des grandes et des moyennes, qui vivent paisiblement ensemble, au milieu des larves de Tipulaires, qui sont généralement en grande majorité. Lorsque ces larves de Muscides ont pris leur accroisement elles quittent le champignon et s'enfoncent dans la terre où elles se changent en pupes. Les unes se transforment en mouches dans l'été ou l'automne ; les autres passent l'hiver à l'état de pupe et se métamorphosent au printemps suivant.

Dès le 7 juillet on peut voir éclore une mouche d'une assez forte taille, dont l'épistome est peu saillant ; dont les antennes ne descendent pas jusqu'à l'épistome, dont le troisième article des antennes est au moins trois fois aussi long que le deuxième et surmonté d'un style plumeux de deux côtés, dont les yeux sont nus, rapprochés chez les mâles, écartés chez les femelles ; dont la première cellule postérieure des ailes est ouverte et atteint le bord postérieur Cette mouche fait partie de la tribu des Muscides, de la sous-tribu de Muscides et du genre *Curtonevra*. Son nom entomologique est *Curtonevra aperta*, Macq.

57. *Curtonevra aperta*, Macq. — Long. 9 mil. La tête est noire ;

la face et le tour des yeux sont d'un blanc argenté ; la bande frontale est noire et les yeux sont rouges (vivant) ; les antennes et les palpes sont noirs ; l'épistome et le vertex portent des soies ; le thorax est noir, marqué de cinq raies cendrées en dessus ; il porte des soies isolées inclinées en arrière ; l'abdomen est un peu resserré à la base, noir, à reflets d'un cendré jaunâtre, garni de poils noirs et de soies inclinées en arrière ; les pattes sont noires et ciliées ; les ailes sont hyalines, à nervures noires ; les cuillerons sont blancs, grands ; la valve inférieure dépasse la supérieure.

Chez cette espèce la première cellule postérieure de l'aile est entièrement ouverte et c'est de cette particularité que lui vient son nom spécifique d'*aperta*. Dans les autres espèces du même genre, cette cellule est plus ou moins resserrée à son extrémité.

Une autre mouche du même genre, appelée *Curtonevra Fungivora*, Macq., et *Blissonia fungivora*, R. D., se développe aussi dans les champignons, en déliquescence et sa larve contribue probablement à les mettre en cet état. Je ne l'ai pas obtenue d'éclosion et je la cite sur l'autorité des deux entomologistes qui l'ont décrite.

58. *Curtonevra fungivora*, Macq. — Long. 6 mil. Tout le corps est noir, avec des lignes et des reflets cendrés ; les antennes sont noires et descendent presque jusqu'à l'épistome ; le style du troisième article est plumeux des deux côtés ; les yeux sont nus, plus écartés chez les femelles que chez les mâles. La bande frontale, les palpes et les pattes sont noirs ; les côtés du front sont brun-cendré ; les côtés de la face, d'un cendré-argenté ; l'extrémité de l'écusson est ferrugineuse ; les ailes sont hyalines ; la première cellule postérieure est largement ouverte au bout de l'aile et la nervure inférieure est arquée à l'extrémité pour la rétrécir un peu ; les cuillerons sont blancs et les balanciers bruns.

Parmi les espèces qui passent l'hiver dans la terre à l'état de pupe pour éclore au printemps dans le mois d'avril, on en peut citer une qui est un peu plus petite que la mouche commune et qui se rapporte au genre *Anthomyia* de la tribu des Muscides, mais à la sous-tribu des Anthomyzides : C'est probablement l'*An-thomyia apicalis*, Meig.

59. *Anthomyia apicalis*, Meig.? — Long. 4 1/2 mil. Elle est noire ; la tête est arrondie en devant ; la face est blanchâtre, le front gris, la bande frontale d'un brun-rouge ; les yeux sont de cette dernière couleur ; les antennes sont noires à style nu et ne descendent pas jusqu'à l'épistome, qui est garni de soies. On voit quelques poils courts sur le front et deux ou trois soies inclinées en arrière sur le vertex ; le thorax est lisse, de la largeur de la tête, d'un noir un peu ardoisé, luisant, avec quatre raies grises peu apparentes ; l'écusson est de la couleur du thorax, terminé par deux soies ; l'abdomen est noir, étranglé à la base, ovoïde, de la longueur de la tête et du thorax ; le premier segment est d'un testacé fauve, ainsi que les côtés du deuxième, avec un petit nombre de soies courtes sur le dos, inclinées en arrière ; les pattes sont noires et les cuisses un peu renflées ; les ailes sont hyalines et dépassent l'abdomen ; leurs nervures sont testacées à la base, noires dans le reste de leur étendue ; la première cellule postérieure est ouverte ; les nervures transversales sont moyennement éloignées et la deuxième est concave du côté du bout de l'aile ; les cuillerons sont petits, d'un blanc sale ; la valve inférieure dépasse un peu la supérieure.

Le genre *Sapromyza*, de la sous-tribu des Scatomyzides, qui entre comme les précédents dans la tribu des Muscides, renferme, selon Macquart, plusieurs espèces dont les larves vivent dans les champignons en déliquescence. Je n'ai obtenu, d'éclosion, aucun de ces insectes dans les bocaux où j'ai renfermé ces végétaux, et je me contente de mentionner la *Sapromyza suillorum*, décrite par cet auteur.

60. *Sapromyza suillorum*, Macq. — Long. 5 mil. Elle est fauve. La tête est subhémisphérique ; la face un peu inclinée en arrière ; l'épistome non saillant ; les antennes sont assez courtes, à troisième article cylindrique surmonté d'un style velu ; les incisions de l'abdomen sont brunâtres et les ailes jaunâtres, sans taches.

Le genre *Drosophila*, de la sous-tribu des Piophilides et de la tribu des Muscides, renferme plusieurs espèces qui se développent dans les champignons. Nous voyons communément une espèce de ce genre dans nos maisons, dans nos celliers, dans nos caves; elle se promène sur nos vitres et même sur nos tables; c'est la *Drosophila cellaris*, Macq. dont la larve vit dans les matières fermentées et aigries. L'insecte parfait se reconnaît facilement à sa taille de 3 mil., sa couleur testacée et son abdomen annelé de noir et de testacé-jaunâtre. Parmi les espèces qui se développent dans les champignons on peut citer la *Drosophila transversa*, Meig., qui se montre vers le 24 juillet. Sa larve est au nombre des petits vers blancs, de forme conique, dont la tête est armée d'un double crochet noir, écailleux, fin comme un cheveu, dont on a parlé précédemment. On peut admettre que la substance du champignon, lorsqu'elle commence à s'altérer et à se décomposer, lui convient et qu'elle y trouve un aliment de son goût. Lorsqu'elle a pris toute sa croissance elle entre dans la terre au pied de la plante qui lui a servi d'habitation et de nourriture et s'y change en pupe, d'où le Diptère s'échappe environ un mois après.

61. *Drosophila transversa*, Meig. — Long. 4 mil. Elle est d'un fauve pâle. La tête est fauve; la face est plus pâle que la tête; les antennes sont couchées, d'un fauve-jaune, à troisième article oblong, surmonté d'un style noir, velu; les yeux sont rouges; le thorax est fauve, portant quelques poils isolés inclinés en arrière; l'abdomen est testacé, un peu plus long que la tête et le corselet, avec une rangée transversale de quatre points noirs sur chaque segment; les pattes sont testacées; les ailes sont transparentes, lavées de jaune, dépassant un peu l'abdomen; la côte est armée d'une petite épine placée au point où aboutit la nervure médiastine qui est très courte; les nervures transversales sont bordées de noir.

61. Une autre espèce, que j'ai appelée *Drosophila testacea*, G., se montre en même temps que la précédente. Elle est de la même taille, d'un fauve-testacé uniforme, excepté le troisième arti-

cle des antennes qui est noir ainsi que la soie plumeuse qui le surmonte; les yeux sont rouges et les nervures transversales des ailes ne sont pas bordées de noir.

61. Une troisième espèce de ce genre, qui a paru le 12 septembre et que j'ai désignée sous le nom de *Drosophila mycethophila*, G., se développe aussi dans les champignons qui ont nourri les deux espèces que l'on vient de décrire. Elle ressemble à la *Drosophila transversa*, sauf qu'elle ne porte que deux points noirs sur chaque segment de l'abdomen.

Toutes ces petites mouches se développent très rapidement en été; il ne s'écoule guère plus de six semaines entre l'apparition de la larve dans le champignon et la sortie de la mouche de sa pupe. Ce qui fait conjecturer qu'elles ont plusieurs générations dans la même année.

Les champignons nourrissent encore d'autres larves de diptères que je n'ai pas su distinguer spécifiquement les unes des autres et que je n'ai pu élever isolément pour connaître les espèces auxquelles elles se rapportent. Parmi ces larves il y en a qui produisent des Diptères du genre *Nemopoda*; car le 8 juillet le *Nemopoda cylindrica*, Macq., s'est montré dans le bocal des champignons véreux. Les Némopodes font partie de la sous-tribu des Sepsidées et de la tribu des Muscides. Ce sont des petites mouches allongées et fluettes, dont la tête est sphérique, comme détachée du corselet, dont l'abdomen est subpédiculé et dont les ailes sont ordinairement relevées verticalement lorsqu'ils sont au repos ou qu'ils marchent.

62. *Nemopoda cylindrica*, Macq. — Long. 5 mil. Il est d'un noir-bronzé luisant. Les antennes sont noirâtres et descendent jusqu'au milieu de la face; le troisième article est un peu plus long que large et surmonté d'une soie simple; la face est fauve à reflet blanc; les yeux sont ronds et saillants; le premier article des palpes est cylindrique; le thorax est ovalaire, de la largeur de la tête, d'un noir-bronzé luisant, avec la partie antérieure fauve sur les côtés et en dessous, et une nuance fauve sous les ailes; l'ab-

domen est subpédiculé, ovalaire, de la longueur du thorax, arrondi en arrière, d'un noir-bronzé luisant ; les pattes sont grêles, allongées ; les antérieures, les hanches et la base des cuisses des autres sont testacées ; le reste des pattes est noir ; les ailes sont hyalines, de la longueur de l'abdomen, à nervures noires ; la première cellule postérieure est un peu rétrécie à l'extrémité ; les deux nervures transverses sont rapprochées ; les balanciers sont blanchâtre.

Il n'est éclos dans le bocal des champignons qu'un seul individu de ce genre lequel est une femelle.

Le 10 septembre il a paru dans le même bocal un autre petit Diptère dont les antennes sont très courtes, dont le troisième et dernier article est gros, sphérique, surmonté d'une longue soie ; dont les deux premiers articles des tarses postérieurs sont sensiblement dilatés et dont les quatrième et cinquième nervures longitudinales des ailes se terminent à la deuxième nervure transversale. Il entre dans la sous-tribu des Sphérocérides et dans le genre *Borborus*, Meig. et *Limosina*, Macq. La sous-tribu des Sphérocérides fait partie de la tribu des Muscides. Le nom de ce moucheron est *Limosina geniculata*.

63. *Limosina geniculata*, Macq. — Long. 2 mil. Elle est noire. Les antennes sont noires, surmontées d'une longue soie nue (vue à la loupe) ; la tête est noire, arrondie ; les yeux sont rougeâtres ; Le thorax est épais, noir, luisant ; l'écusson est grand, atténué et arrondi à l'extrémité ; l'abdomen est court, ovoïde, de la longueur du thorax, de couleur noire ; les pattes sont noirâtres, les cuisses sont un peu renflées, et les deux premiers articles des tarses postérieurs un peu dilatés ; les ailes sont hyalines, à nervures noires et dépassent l'abdomen.

Je n'ai pas remarqué la larve d'où ce petit Diptère est sorti.

Je terminerai la liste des mouches écloses dans les bocaux renfermant des champignons véreux et tombés en déliquescence en citant un tout petit moucheron né le 21 juillet. Il se rapporte au genre *Phora*, de la sous-tribu des Hypocères, laquelle est la der-

nière de la tribu des Muscides. On reconnaît les *Phora* à leur tête
petite, leurs palpes saillants garnis de soies ; à leurs antennes
insérées près de l'épistome dont les deux premiers articles sont peu
distincts et le troisième est sphérique, surmonté d'une longue soie ;
à leur thorax relevé, comme bossu ; à leur abdomen arqué en dessus, ové-conique, terminé en pointe ; à leur pieds robustes, tenant
à des hanches allongées ; à leurs ailes ciliées, à la côte n'ayant que
trois nervures longitudinales. On rencontre fréquemment quelques-
uns de ces moucherons courant avec une grande agilité sur les
vitres des croisées. L'espèce sortie des champignons me paraît être
le *Phora rufipennis?*

64. *Phora rufipennis?* Macq. — Long. 2 mil. Il est d'un noir
grisâtre. La tête est noire ; la trompe et les palpes sont jaunes ; les
antennes sont noirâtres, surmontées d'une soie simple ; le front est
garni de soies inclinées en arrière ; le corps est naviculaire ; le thorax est noirâtre, plus large que la tête ; l'abdomen est ové-conique,
terminé en pointe, de la longueur de la tête et du thorax ; les pattes
sont testacées, avec l'extrémité des cuisses postérieures noirâtre,
les tibias de la même paire d'un brun-testacé ; les tibias intermédiaires terminés par une longue pointe ; les ailes sont de la longueur de l'abdomen, légèrement lavées de roux, ciliées à la côte
depuis la base jusqu'à l'extrémité de la nervure sous-costale ; celle-
ci est bifurquée à son extrémité.

On sait, en général, que les larves des *Phora* vivent dans les
matières végétales et animales en décomposition ; dès lors il est
tout naturel d'en trouver dans les champignons en déliquescence et
dans les truffes gâtées.

On remarque dans les champignons d'autres larves que celles qui
produisent les Diptères dont on vient de parler. Ils en nourrissent
qui appartiennent certainement à des Coléoptères et qui contribuent
à la destruction de ces Cryptogames. Elles ne se sont pas métamor-
phosées en insectes parfaits chez moi et je ne peux dire à quelles
espèces elles appartiennent.

Les parasites ne sont pas aussi communs qu'on pourrait se l'imaginer dans des larves faciles à atteindre comme celles qui vivent dans les champignons ; du moins ils ne s'y sont guère rencontrés dans les années où j'ai fait mes recherches, car je n'ai obtenu qu'une seule espèce d'Ichneumonien, qui est éclose le 15 juillet dans l'un des bocaux d'éducation. Il a paru cinq individus dont trois mâles et deux femelles. Les larves de ces parasites ont vécu dans le corps de plusieurs larves habitant les champignons, mais je ne peux dire aux dépens desquelles elles ont pris leur accroissement. Ce petit Ichneumonien entre dans la sous-tribu des Braconites et dans le genre *Bracon*, N. d. E. et dans la troisième section de ce genre qui forme les *Opius*, Wesm. Ne l'ayant pas trouvé décrit dans les ouvrages de Nées d'Esembek et de Wesmael, je lui ai donné le nom provisoire de *Nitidus*.

17. *Opius nitidus*, G. ♂ Long. 2. mill. Il est noir, luisant. Les antennes sont filiformes, grêles, plus longues que le corps, formées de vingt-un ou vingt-deux articles dont le premier est testacé et taché de noir en dessus ; la tête est noire, arrondie en devant ; les palpes sont testacés ainsi que les mandibules dont la pointe est noire ; le thorax est ovalaire, noir, luisant, de la largeur de la tête ; on distingue une fossette sur chaque flanc près des hanches postérieures ; l'abdomen est noir, luisant, de la longueur de la tête et du thorax, ovalaire, à pédicule très court ; le dessous du premier segment est fauve ; les hanches et les pattes sont d'un fauve pâle ; ces dernières sont grêles ; les ailes sont hyalines, à nervures et stigma noirs ; les antérieures sont pourvues d'une grande cellule radiale atteignant le bout de l'aile ; de trois cellules cubitales ; la première presque carrée ; la deuxième allongée, atténuée à l'extrémité, recevant la nervure récurrente à cette extrémité.

♀. Elle est semblable au mâle ; mais les antennes sont plus courtes et roulées à l'extrémité ayant les premier et deuxième articles testacés en dessous ; l'abdomen est plus épais et terminé par une tarière ayant le quart de sa longueur.

Il me reste à parler d'un autre parasite sorti d'une larve trouvée, le 27 septembre, dans un fragment de champignon de l'espèce appelée Prevat. Cette larve est blanche, luisante, cylindrique, apode, mais faisant sortir des mamelons de la partie ventrale des anneaux de son corps pour lui servir de pattes. Elle parait semblable pour la forme, la couleur, les dimensions, aux larves des Tipulaires fongicoles décrites précédemment. Elle était parvenue au terme de sa croissance au moment de la récolte et de son emprisonnement dans un bocal, sur de la terre légèrement humide. Elle a quitté la galerie qu'elle avait creusée dans le champignon et dans laquelle elle avait vécu pour entrer dans la terre à une petite profondeur. Elle s'y est pratiqué une cellule ovale tapissée de quelques fils de soie qui ont formé une sorte de cocon très clair à travers lequel on la voyait étendue de tout son long. Le 11 octobre, en examinant cette larve avec attention j'ai reconnu qu'au lieu d'avoir une chrysalide de Tipulaire je possédais une chrysalide d'Ichneumonien. La larve de la Tipulaire avait disparu sans laisser de trace et était remplacée par une chrysalide d'Ichneumonien. La larve parasite avait vécu dans la larve de la Tipulaire, y avait crû, y avait pris la même longueur et la même grosseur que celle-ci, s'était substitué à elle et, vraisemblablement, avait filé le léger cocon qui la renfermait. Le 17 octobre il est sorti de ce cocon un petit Ichneumonien femelle du genre *Campoplex* qui n'est pas décrit dans le grand ouvrage de Gravenhorst sur les Ichneumoniens d'Europe et que j'ai désigné sous le nom de *Ruficoxis*.

18. *Campoplex ruficoxis*, G. — ♀ Long. 6 mil. (sans la tarière). Il est noir. Les antennes sont filiformes, de la longueur du corps, avec les deux premiers articles jaunes en dessous et les derniers d'un brun-jaunâtre du même côté ; la tête est noire, avec les palpes blanchâtres ; le thorax est noir, luisant, un peu moins large que la tête ; l'abdomen est deux fois aussi long que la tête et le corselet, comprimé à l'extrémité, arqué et en massue, vu de côté ; à premier segment noir, arqué, filiforme à la base, un peu renflé à l'extrémité ; les deuxième et troisième noirs en dessus ; les autres tachés de noir à l'extrémité en dessus ; le dessous et la base des segments à partir du quatrième sont d'un fauve pâle. Les

hanches et les pattes sont fauves ; l'extrémité des tibias postérieurs et les tarses attenants sont brunâtres ; les ailes sont hyalines, de la longueur de l'abdomen, à nervures et stigma noirs ; ce dernier est épais et triangulaire ; la cellule radiale est courte, fermée avant l'extrémité de l'aile, en forme de triangle curviligne ; l'aréole est petite, subtriangulaire ; la tarière est courbe, ascendante, de la moitié de la longueur de l'abdomen ; l'écaille alaire est blanchâtre, ainsi que la racine de l'aile.

Il est inutile de recommander d'examiner avec attention les champignons qu'on récolte dans les bois et sur les pelouses, non seulement pour reconnaître les espèces comestibles, mais encore pour s'assurer si elles renferment des vers ; on doit les casser ou les couper par tranches pour les vérifier. En les visitant seulement à l'extérieur et en les faisant cuire entiers, on s'expose à manger des vers, ce qui, vraisemblablement, n'a pas d'inconvénient, mais doit être évité.

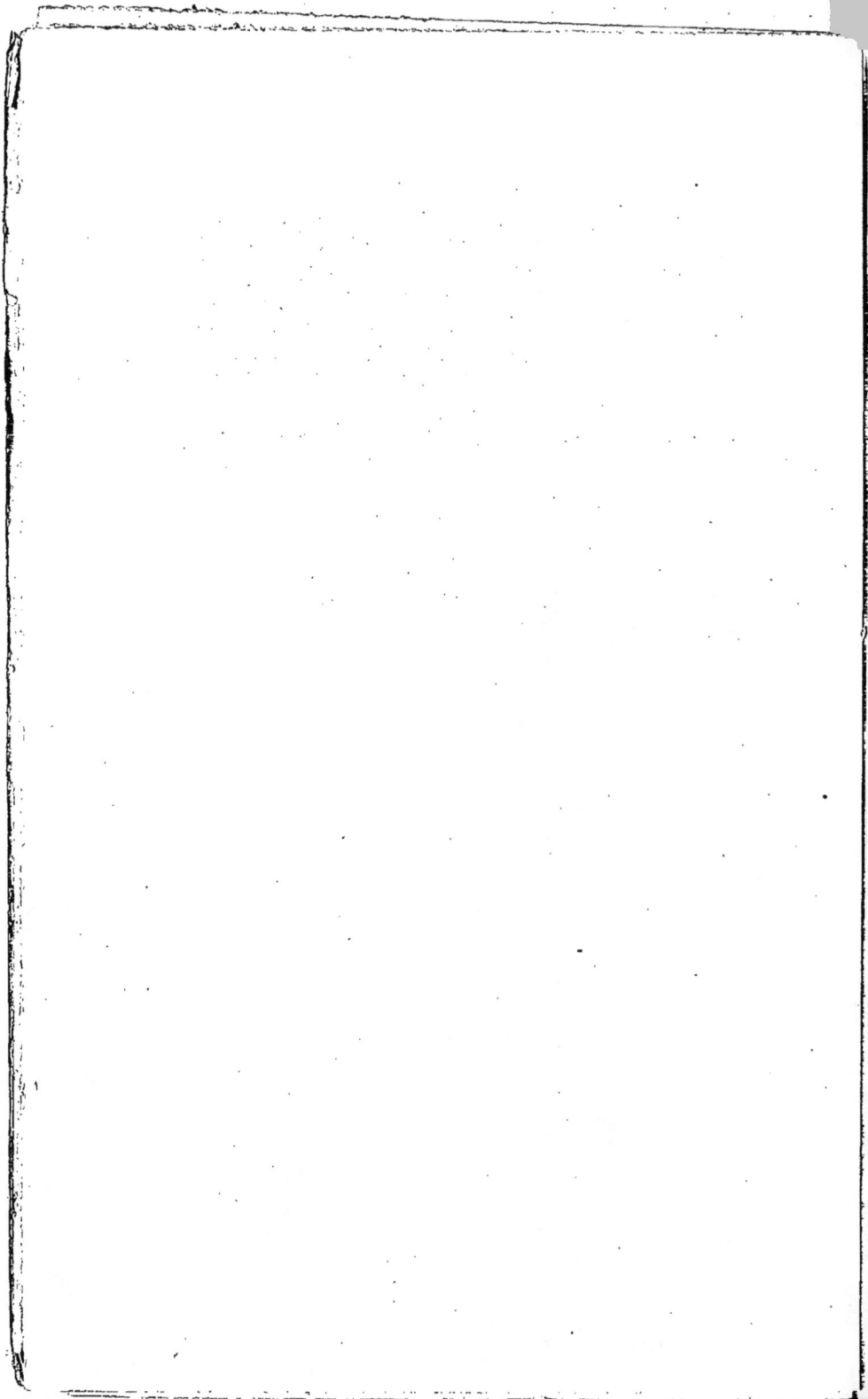

TROISIÈME PARTIE.

INSECTES NUISIBLES AUX CÉRÉALES ET AUX PLANTES FOURRAGÈRES.

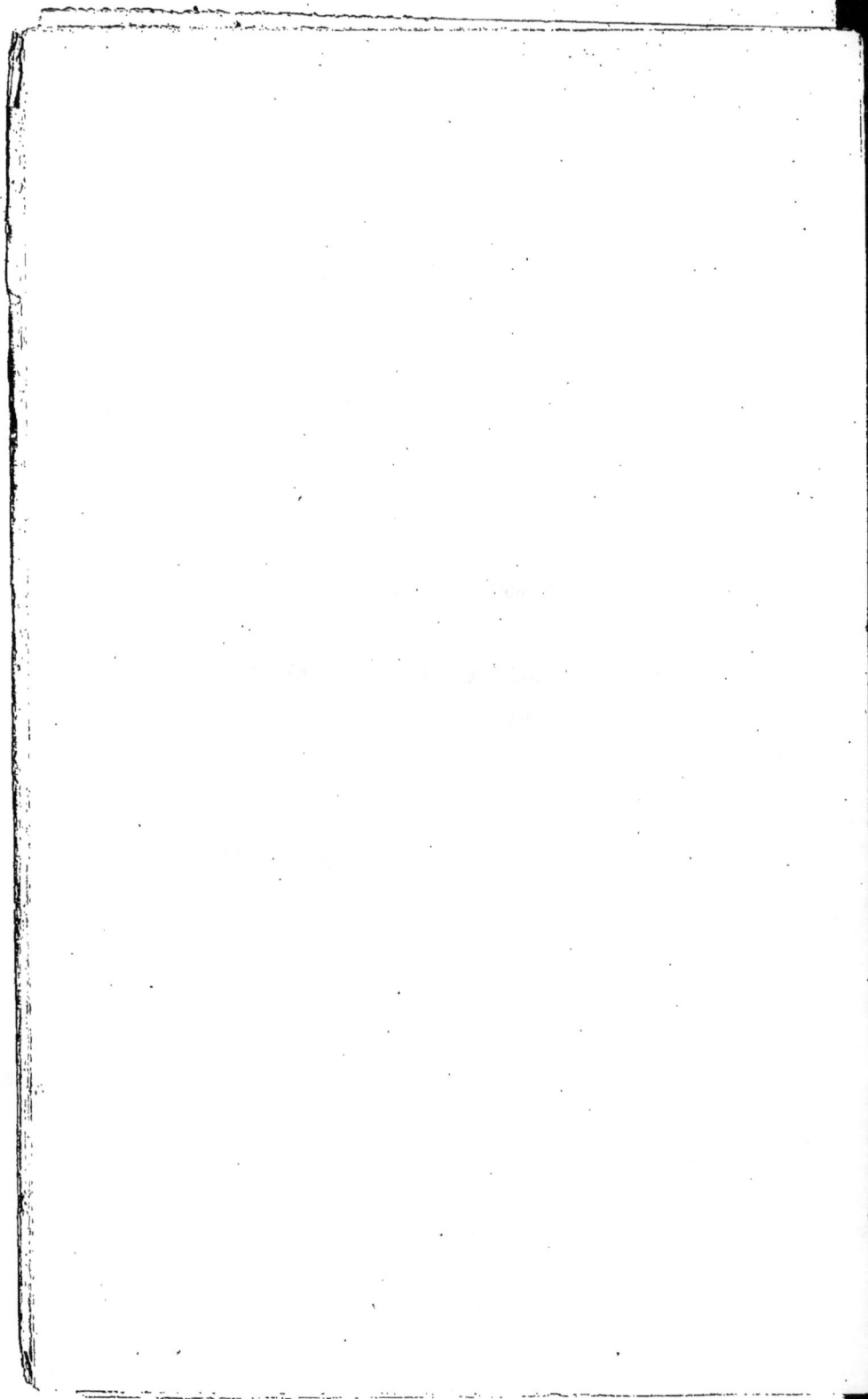

Insectes nuisibles aux Céréales et aux Plantes fourragères.

---

65. — LE CRIQUET ÉMIGRANT.

(Achrydium migratorium, Lat.).

Le peuple donne le nom de Sauterelle à tous les insectes que l'on rencontre en automne dans les prés, les champs, les vignes, etc. qui ont une forme allongée et de longues pattes de derrière à cuisses renflées au moyen desquelles ils sautent, en s'élançant, au loin. Les entomologistes ont remarqué que parmi ces insectes sauteurs il y en a qui ont les antennes très longues, très menues et dont les femelles ont l'abdomen terminé par une queue écailleuse droite ou courbe, et d'autres dont les antennes sont relativement courtes, filiformes et dont les femelles n'ont pas de queue ; ils ont conservé le nom de Sauterelle *(Locusta)* aux premiers et ils ont donné aux seconds le nom de Criquet *(Achrydium)*. Ces deux grands genres ont ensuite été partagés en plusieurs autres et sont devenus des tribus.

Les Sauterelles nous causent peu de dommages parce qu'elles ne sont jamais très nombreuses sur le même point et qu'elles vivent isolément. On accuse cependant l'une d'elles *(Ephippiger vitium)* de nuire aux mûriers. Il n'en est pas de même des Criquets dont plusieurs espèces multiplient quelquefois en nombre prodigieux, se réunissent en troupes innombrables et s'en vont ravager les contrées voisines de leurs berceaux et même celles qui en sont

9

éloignées. Ces criquets se transportent au loin en volant et passent même des bras de mer aidés par le vent. Partout où ils s'abattent ils rongent les herbes, les céréales, les feuilles des arbres, leurs écorces et ne laissent rien de vert dans la contrée. Ils poursuivent leurs courses et leurs ravages jusqu'à ce qu'ils périssent naturellement ou qu'ils soient détruits par un accident.

La France est peu exposée aux ravages de ces criquets voyageurs, parce que son sol est partout cultivé et qu'ils ne peuvent s'y multiplier librement comme ils le font dans les contrées incultes et inhabitées et parce qu'elle est fort éloignée de la Tartarie et de l'Ukraine d'où partent leurs légions. On a cependant vu dans le midi de la France en 1613 et dans la Suisse et la Savoie en 1858 une colonne du Criquet émigrant (*Achrydium migratorium*) qui y a causé beaucoup de ravages. Cette espèce est restée dans ces contrées, mais avec une taille un peu moindre. On la rencontre fréquemment dans les départements méridionaux et dans la vallée du Rhône jusqu'à Genève. Elle se plaît dans les lieux sablonneux, dans les îles du fleuve et sur ses bords. La femelle, après la fécondation, dépose les œufs dans la terre à une petite profondeur ; elle les place dans un trou, une petite cavité, une fissure du sol, dans laquelle elle introduit l'extrémité de son abdomen. Si elle se trouve sur un terrain sablonneux elle fait le trou elle-même en enfonçant cette extrémité dans le sable. Les œufs sont au nombre de 25 environ, d'une forme oblongue, d'une couleur blanchâtre. Ils sont renfermés dans une sorte d'étui, une bourse membraneuse tissue de fils argentins ; ils y sont placés verticalement, par couches horizontales, les uns au-dessus des autres. C'est en automne qu'ils sont déposés dans la terre et au printemps suivant qu'ils éclosent. Il en sort des petits criquets semblables pour la forme à leurs père et mère, si ce n'est qu'ils n'ont pas d'ailes. Ils croissent lentement et broutent l'herbe tendre qu'ils rencontrent, et changent plusieurs fois de peau avant de passer à l'état de nymphes. Dans cet état ils ont acquis une assez forte taille et des rudiments d'ailes représentées par deux petites écailles situées de chaque côté du corselet. Ils courent, mangent et continuent à grandir ;

enfin dans un dernier changement de peau ils acquièrent des ailes et des élytres et deviennent insectes parfaits.

Cet insecte, quelquefois si redoutable, fait partie de l'ordre des Orthoptères, de la famille des Sauteurs, de la tribu des Achrydiens et du genre *Achrydium*. Son nom entomologique est *Achrydium migratorium* et son nom vulgaire *Sauterelle de passage*, *Criquet émigrant*.

65. *Achrydium migratorium*. Fab. — Long. 6 à 7 cent. Enverg. 15 à 16 cent. Les antennes sont filiformes, d'un rouge-obscur, de la longueur du corselet. La tête est obtuse, verdâtre, avec la face jaunâtre; les mandibules sont bleuâtres extérieurement. Le corselet est légèrement caréné sur le dos, marqué d'une ligne transversale peu enfoncée; il est verdâtre ou d'un roux-obscur et porte une tache longitudinale noirâtre de chaque côté; les élytres sont étroites, de la longueur du corps, translucides, d'un gris sale, avec une grande quantité de petites taches brunes répandues dans toute leur étendue; les ailes transparentes, très amples, plissées en éventail, sont lavées de verdâtre à leur base; l'abdomen est tacheté; les cuisses postérieures sont très longues, renflées, anguleuses, tachées de points noirs; les jambes sont rougeâtres et épineuses.

Lorsque les bandes de ce Criquet voyagent dans les airs elles sont emportées par le vent qui les entraine dans sa direction et les jette quelquefois dans la mer si elle se trouve sur leur chemin. Dans le cas contraire le mâle périt bientôt après l'accouplement et la femelle après la ponte, ce qui les fait disparaître tous presqu'en même temps. Leurs cadavres accumulés sur le sol ou le long du rivage de la mer infectent l'air de leur pourriture et occasionnent des maladies épidémiques dans le pays.

Ils ont un grand nombre d'ennemis: les pluies froides et un grand vent en font périr plusieurs millions à la fois; ils se détruisent eux-mêmes en se faisant une guerre cruelle; les cochons, les lézards et les oiseaux en mangent beaucoup, et le fléau de leur apparition est de courte durée.

Quand ils se sont montrés quelque part et qu'on a lieu de craindre la génération qui sortira de leurs œufs, on recherche ces œufs dans les champs et on ramasse les bourses dans lesquelles ils sont renfermés, ce qui se fait assez facilement ; on les écrase ou on les donne à manger aux cochons.

On peut opposer à ces insectes destructeurs quelques moyens de préservation. Lorsqu'ils ont fait leur apparition dans une contrée et qu'ils se sont répandus dans les champs, on peut faire passer sur eux pendant la nuit le rouleau de l'agriculture traîné par un cheval ; on peut faire piétiner le sol par des bœufs et des chevaux. Par ces moyens on en écrasera un grand nombre. On choisit la nuit pour ces opérations parce que le soir ils se reposent et s'endorment pour se réveiller le matin après le lever du soleil et continuer leurs ravages. Leurs cadavres engraissent le sol. Si l'on ne craint pas que les cochons fassent plus de mal aux cultures que les criquets on y conduira un troupeau de ces animaux qui en dévoreront une multitude.

L'Algérie est de temps à autre visitée et ravagée par une espèce du même genre, ayant à peu près la taille de la précédente, qui naît probablement dans le Sahara d'où elle est poussée dans le Tell par le vent du Sud. On la trouve dans les autres états du littoral de la Méditerranée, la Tunisie, Tripoli, l'empire du Maroc, dans l'Arabie, au Mont-Sinaï, en Syrie, en Perse, etc., etc., c'est probablement elle qui a causé la huitième plaie de l'Égypte au temps de Moïse. On la mange et on la vend rôtie sur les marchés de plusieurs cités. Son nom entomologique est *Achrydium peregrinum* et son nom vulgaire *Sauterelle voyageuse*, *Criquet voyageur*.

66. — LA NOCTUELLE ARMIGÈRE.

(*Heliotis armigera*, Dup.)

La chenille de la Noctuelle armigère fait beaucoup de tort au maïs dans les environs de Mont-de-Marsan et dans tout le département des Landes. Elle se loge dans les épis de cette plante dont elle dévore les graines; elle attaque aussi les têtes du chauvre et en mange les semences. Elle se nourrit également des feuilles et des fleurs de courge, des feuilles de tabac et de luzerne. On voit par là qu'elle est fort nuisible dans les années où elle se multiplie considérablement.

Cette chenille offre deux variétés distinctes; l'une verte, finement rayée de blanc, avec une bande blanchâtre sur les côtés; l'autre jaunâtre ou d'un brun-jaunâtre finement rayée de brun ; avec une bande jaunâtre surmontée de brun, sur les côtés, et une ligne dorsale brune bordée latéralement d'un peu de jaune. Ces deux variétés ont le corps parsemé de petits tubercules noirâtres qui donnent naissance à autant de poils raides. Parvenue a toute sa croissance elle s'enfonce en terre et y fait une coque lâche pour se chrysalider, ce qui a lieu ordinairement en octobre. Une moitié environ des chrysalides éclôt au bout de 15 jours; l'autre moitié passe l'hiver et ne donne le papillon qu'en juin de l'année suivante. Suivant M. Boisduval l'éclosion a lieu en août.

Ce papillon se classe dans la famille des Nocturnes, la tribu des Noctuélites, la sous-tribu des Héliotides et le genre *Heliotis*. Son nom entomologique est *Heliotis armigera* et son nom vulgaire *Noctuelle armigère*.

66. *Heliotis armigera*, **Dup.** — Enverg. 45 mil. Les antennes sont filiformes, jaunâtres. Les palpes sont épais, courts, droits, velus, à dernier article court et nu. La trompe est assez grêle. La tête et le corselet sont d'un gris-jaunâtre. Le dessus des ailes supérieures est café-au-lait ; il porte une tache réniforme d'un noir-bleuâtre, solitaire, et une bande transverse d'un gris-rougeâtre, qui se détache à peine du fond. On voit en outre sur chaque aile trois lignes transverses ondées ou dentées d'un brun-rougeâtre et une série de points noirs qui longe le bord terminal; la frange est d'un gris rougeâtre; les ailes inférieures sont en dessus d'un gris-pâle légèrement rougeâtre, avec une large bande marginale, presque noire dans le milieu, vers le bord inférieur de laquelle on voit

deux petites taches grises qui se joignent; la frange est blanchâtre;
le dessous des quatre ailes est d'un gris-pâle légèrement rougeâtre, avec une bande noirâtre correspondante à celle de dessus;
On voit en outre deux points noirs au centre de chacune des
supérieures.

Cette Noctuelle ressemble considérablement à celle qui porte le
nom d'*Heliotis pelligera*, Dup.

On ne connaît aucun moyen de se garantir des dégâts causés
par la chenille de la Noctuelle armigère et on ignore quels sont les
parasites qui lui font la guerre.

—

67. — LA NOCTUELLE DU MAÏS.

(*Leucania Zeæ*, Dup.)

La Noctuelle Zéa est commune dans les environs de Montpellier
et se trouve dans les champs de maïs pour qui elle est un véritable fléau lorsque sa chenille vient à s'y multiplier extraordinairement. Cette chenille se loge entre les feuilles qui enveloppent l'épi
et ronge, pour se nourrir, les grains de celui-ci. Elle ne quitte pas
cette habitation et s'y change en chrysalide d'où le Lépidoptère
sort dans le mois de juillet, selon Duponchel. La chenille de cette
espèce si nuisible n'est pas décrite dans le grand ouvrage de Go-
dard et Duponchel sur les Lépidoptères de France.

Le papillon est classé dans la famille des Nocturnes, la tribu des
Noctuélites, la sous-tribu des Leucanides et dans le genre *Leucania*. Son nom entomologique est *Leucania Zeæ* et son nom vulgaire *Noctuelle du maïs*.

67. *Leucania Zeæ*, Dup. — Enverg. 40 mil. Les antennes sont
filiformes, simples et grises. Les palpes sont larges, velus, serrés
contre la tête, à dernier article très court; la tête et le corselet
sont du même gris que les ailes supérieures; celles-ci sont en
dessus d'un gris-roussâtre luisant, avec les nervures noirâtres sau-

poudrées de gris, un point central blanc et une ligne transverse ondulée noirâtre placée à égale distance de ce point et de la frange qui est simple et de la même couleur que le fond de l'aile; le dessus des ailes inférieures est blanc, y compris la frange qui est séparée du bord extérieur seulement par une ligne de points noirâtres; le dessous des quatre ailes est également blanc, mais légèrement saupoudré de gris vers l'extrémité des supérieures, avec leur bord extérieur séparé de la frange par une ligne de petits points noirs; l'abdomen est d'un gris plus pâle.

Lorsqu'on aura étudié complétement cette espèce et qu'on connaîtra les mœurs de sa chenille, on pourra, peut-être, indiquer les moyens à employer pour la combattre et atténuer les dégâts qu'elle fait dans les champs de maïs. Les parasites de cette dernière sont inconnus.

—

68. — LE BOTYS DU HOUBLON.

(*Botys silacealis*, Dup.)

M. E. Perris, dont les connaissances en entomologie sont si étendues et si précises sur tout ce qui concerne les mœurs des insectes, a bien voulu m'informer que la chenille du *Botys lupulinalis*, appelé *Botys silacealis* par Duponchel, est très nuisible au maïs et cause de grands ravages dans les champs où l'on cultive cette plante, dans les années où elle se multiplie notablement. On a beaucoup à s'en plaindre dans les environs de Mont-de-Marsan et dans tout le département des Landes et probablement aussi dans tout le midi de la France. Elle s'introduit dans la tige qu'elle ronge et dont elle occasionne souvent la rupture. Je ne possède aucun détail sur ses habitudes, si ce n'est qu'on la trouve parvenue à toute sa taille, selon Duponchel, en automne ainsi qu'au printemps, et que l'éclosion du papillon a lieu au bout de trois semaines ou au commencement du mois de juin.

Cette chenille a 18 mil. de long. Elle est lisse, luisante, de couleur sale en dessus et blanchâtre en dessous, avec le vaisseau dorsal plus sombre et la tête d'un brun-noir. Le premier anneau est jaunâtre, teinté de brun-noir, avec un trait longitudinal blanc. Sur chacun des autres anneaux se trouvent placés transversalement trois mamelons noirâtres, luisants. Depuis le quatrième jusqu'au onzième deux petits points noirs sont placés derrière ces mamelons de manière à former avec eux un losange. Sur le douzième anneau les mamelons se confondent l'un dans l'autre. Les pattes, au nombre de seize, sont blanchâtres.

Le papillon se classe dans la famille des Nocturnes, la tribu des Pyralites, la sous-tribu des Botydes et dans le genre *Botys*. Son nom entomologique est *Botys silacealis*, Dup., et son nom vulgaire *Botys du houblon*.

68. *Botys silacealis*, Dup. — Enverg. 25 mil. Les antennes sont simples, filiformes, d'un jaune pâle; les palpes sont courts, terminés par un article très aigu; la trompe est longue; la tête et le corselet sont de la couleur des ailes supérieures; ces dernières sont en dessus d'un brun-rougeâtre avec une raie dentelée jaune qui les traverse à peu de distance du bord postérieur et une tache de la même couleur sur leur disque; les ailes inférieures sont en dessus d'un blanc-jaunâtre avec une raie centrale et une bande marginale d'un gris un peu rougeâtre; la frange est d'un jaune pâle; le dessous des quatre ailes est d'un blanc-jaunâtre, avec la répétition du dessin du dessus marqué de gris; l'abdomen est de la couleur des ailes; les pattes sont d'un jaune pâle.

Cette description concerne le mâle.

La femelle a les ailes supérieures d'un jaune nuancé de gris, avec une raie dentelée brune, et les ailes inférieures plus pâles.

La chenille de cette espèce vit aussi dans les tiges du houblon qu'elle mine et auxquelles elle fait beaucoup de tort, et c'est pour cela que le papillon a été appelé *Botys lupulinalis*, du nom latin du houblon *Humulus lupulinus*.

Le moyen de détruire cette chenille reste à découvrir, ainsi que les parasites qui lui font la guerre.

TABLE

DES INSECTES DESTRUCTEURS ET PROTECTEURS

MENTIONNÉS DANS LE 2ᵉ SUPPLÉMENT.

---

§ 1ᵉʳ. — ARBRES ET ARBUSTES.

—

Abricotiers.

INSECTES DESTRUCTEURS.	INSECTES PROTECTEURS.
BOMBYX ANTIQUE. — Orgya antiqua.	
PYRALE DE WOEBER. — Carpocapsa Wœbariana.	Carcelia amphion.

Amandier.

PYRALE DE WOEBER. — Carpocapsa Wœberiana.

ZYGÈNE DU PRUNIER. — Procris pruni.

— MALHEUREUSE. — Aglaope infausta.

Arbres fruitiers en général.

PAPILLON GAZÉ. — Pieris cratægi.	Microgaster glomeratus.

Cerisier.

CIMBEX HUMÉRAL. — Cimbex humeralis.

ECAILLE POURPRE. — Chelonia purpurea.

NOCTUELLE CEINTURE JAUNE. — Polia flavicincta.

PYRALE DE WŒBER. — Carpocapsa Wœberiana.

Chêne.

BOMBYX ANTIQUE. — Orgya antiqua.
    — SOUCIEUX. — Orgya gonostigma. } Carcelia amphion.

Chèvre-feuille des buissons.

NOCTUELLE C.-NOIR. — Noctua C.-nigrum.

Eglantier.

BOMBYX SOUCIEUX. — Orgya gonostigma.

Framboisier.

BOMBYX A BROSSES. — Dasychira fascelina.
    — SOUCIEUX. — Orgya gonostigma. } Carcelia claripennis.

Genêt-à-balai.

NOCTUELLE DU POIS. — Hadena pisi.

Groseillier.

BOMBYX A BROSSES. — Dasychira fascelina.

CALLIMORPHE CHINÉE. — Callimorpha hera.

ECAILLE POURPRÉE. — Chelonia purpurea.

SÉSIE TIPULIFORME. — Sesia tipuliformis.

Groseillier à maquereau.

NOCTUELLE CEINTURE JAUNE. — Polya flavicincta.

Mûrier.

Rongeur du mûrier. — Hypoborus
mori.
Sauterelle porte-selle. — Ephippiger vitium.

Noisetier

Bombyx pudibond. — Bombyx pudibunda.

}

Carcelia lucorum.
— susurrans.
— orgyæ.
— amphion.
Zenilia aurea.
Doria concinnata.

Orme.

Bombyx du prunier. — Lasiocampa pruni.
— pudibond. — Dasychira pudibunda.

}

Carcelia lucorum.
— susurrans.
— orgyæ.
— amphion.
Zenilia aurea.
Doria concinnata.

Poirier.

Bombyx du prunier. — Lasiocampa pruni.
— pudibond. — Dasychira pudibunda.
Cimbex huméral. — Cimbex humeralis.
Cossus du marronnier. — Zeuzera
æsculi.
Mineuse de feuilles de poirier. —
Cemiostoma scitella.
Tortrix cerasana.
— lecheana.
— ribeana.

}

Carcelia lucorum.
— susurrans.
— orgyæ.
— amphion.
Zenilia aurea.
Doria concinnata.
Microgaster albipennis.
Pteromalus agilis.

Pommier.

BOMBYX DU PRUNIER. — Lasiocampa pruni.

   — ANTIQUE. — Orgyà antiqua.

CALLIMORPHE CHINÉE. — Callimorpha hera.

COSSUS DU MARRONNIER. — Zuezera
æsculi.

ECAILLE POURPRÉE. — Chelonia
purpurea.

MINEUSE DES FEUILLES DU POIRIER.
   — Cemiostoma citella.

SÉSIE CULICIFORME. — Sesia culiciformis.

   — MUTILLIFORME. — Sesia mutillæformis.

TEIGNE A DAIS DU POIRIER. — Swammerdamia piri.

} Microgaster albipennis.
  Pteromalus agilis.

Prunier.

BOMBYX ANTIQUE. — Orgya antiqua.

   — A BROSSES. — Dasychira
fascelina.

   — DU PRUNIER. — Lasiocampa pruni.

   — SOUCIEUX. — Orgya gonostigma.

ECAILLE POURPRÉE. — Chelonia
purpurea

PYRALE DE VOEBER. — Carpocapsa
Wœberiana.

SÉSIE CULICIFORME. — Sesia culiciformis.

} Carcelia amphion.

Rosier.

ECAILLE FULIGINEUSE. — Arctia fuliginosa.

Vigne.

ECAILLE POURPRÉE. — Chelonia
purpurea.
PYRALE ROSERANE. — Cochylis ro-
serana.
} Campoplex difformis.

§ 2. — PLANTES POTAGÈRES INDUSTRIELLES

ET ÉCONOMIQUES.

—

Ansérine.

NOCTUELLE DE L'ANSÉRINE. — Hadena chenopodii.

Asperge.

ECAILLE POURPRÉE. — Chelonia
purpurea.
NOCTUELLE DE L'ANSÉRINE. — Hadena chenopodii.

Beccabunga.

HÉLODE DU BECCABUNGA. — Helodes violacea.
} Pteromalus tibialis?

Betterave.

ALTISE TIBIALE. — Altica tibialis.

Champignons.

CORDYLA CRASSICORNIS.
CURTONEVRA APERTA.
— FUNGIVORA.
DROSOPHILA MYCETOPHILA.
— TESTACEA.
— TRANSVERSA.
MYCETOPHILA MACULATA.
LIMOSINA GENICULATA.
NEMOPODA CYLINDRICA.
PHORA RUFIPENNIS.
} Campoplex ruficoxis.
Opius nitidus.

Chicorée.

Noctuelle ceinture jaune. — Polia flavicincta.

Chou.

Botys fourchu. — Pionea forficalis.

Charançon des tiges du chou. — Baris chlorizans.

Noctuelle de l'ansérine. — Hadena chenopodii.

Petite mouche bleue des jardins. — Lonchœa vaginalis.

Cresson.

Altise du navet. — Altica napi.

Charançon des tiges du cresson. — Poophagus nasturtii.

Chrysomèle du cresson. — Phœdon cochleariæ.

Epinard.

Noctuelle C.-noir. — Noctua C.-nigrum.

Houblon.

Botys du houblon. — Botys silacealis.

Hépiale du houblon. — Hepialus humuli.

Laitue.

Callimorphe chinée. — Callimorpha hera.

Noctuelle ceinture jaune. — Polia flavicincta.

    — de l'ansérine — Hadena chenopodii.

Navet.

CHARANÇON DU NAVET. — Ceuto-rhynchus napi.	Porizon moderator.
ECAILLE FULIGINEUSE. — Arctia fu-liginosa.	Carcelia claripennis.

Navette.

ALTISE DU NAVET. — Altica napi.
CECYDOMYIE DU CHOU. — Cecydo-myia brassicæ.
CHARANÇON DES SILIQUES DU CHOU. — Ceutorhynchus assimilis.

Oseille.

APION DE L'OSEILLE. — Apion vio-laceum.	Carcelia claripennis.
ECAILLE FULIGINEUSE. — Arctia fu-liginosa.	Microgaster glomeratus.
— MARTRE. — Chelonia caja.	Hubneria affinis.

Pissenlit.

BOMBYX A BROSSES. — Dasychira fascelina.

Plantes potagères.

NOCTUELLE POLYODON. — Xylopha-sia polyodon.

Pois.

NOCTUELLE DU POIS. — Hadena pisi.

Raifort.

BOTYS FOURCHU. — Botys forfi-calis.

Rave.

ECAILLE FULIGINEUSE. — Arctia fu-liginosa.	Carcelia claripennis.

Salsifis.

Noctuelle du salsifis. — Scotophila tragopogonis.

Truffe.

Cheilosia mutabilis.
Curtcnevra grisea.
— stabulans.
Helomyza tuberivora.   Opius longistigma.
Phora tuberum.
Rongeur de la truffe. Anisotoma
  cinnamomea.
Sciara atra.

---

§ 3. CÉRÉALES ET PLANTES FOURRAGÈRES.

Tous les végétaux.

Criquet émigrant. — Achrydium
migratorium.
— voyageur. — Achrydium
peregrinum.

Maïs.

Botys du houblon. — Botys silacealis.
Noctuelle armigère. — Heliotis
armigera.
— du maïs. — Leucania
Zeæ.

Trèfle.

Bombyx a brosses. — Dasychira
fascelina.
Noctuelle du pois. — Hadena pisi.

TABLE ALPHABÉTIQUE

DES INSECTES MENTIONNÉS DANS LE 2ᵉ SUPPLÉMENT.

	Pages.
Préface.	5
ALTISE DU NAVET. — Altica napi.	78
— TIBIALE. — Altica tibialis	76
ANTHOMYIA APICALIS	118
APION DE L'OSEILLE. — Apion violaceum	61
BOMBYX A BROSSES.— Dasychira fascelina.	35
— ANTIQUE. — Orgya antiqua.	38
— DU PRUNIER. — Lasiocampa pruni	40
— PUDIBOND. — Dasychira pudibunda	29
— SOUCIEUX. — Orgya gonostigma.	37
B OTYS FOURCHU. — Pionea forficalis.	96
— DU HOUBLON. — Botys silacealis	135
CALLIMORPHE CHINÉE. — Callimorpha hera	42
CAMPOPLEX DIFFORMIS.	47
— RUFICOXIS.	124
CARCELIA AMPHION.	33
— LACRIPENNIS.	86
— CULORUM.	51
— ORGYÆ.	32
— SUSURRANS.	32
CÉCYDOMYIE DU CHOU. — Cecydomyia brassicæ	97
CHARANÇON DES SILIQUES DU CHOU. — Ceutorhynchus assimilis	69
— DES TIGES DU CHOU — Baris chlorizans.	62
— DES TIGES DU CRESSON. — Poophagus nasturtii.	67
— DU NAVET. — Ceutorhynchus napi.	65
CHEILOSIA MUTABILIS.	105
CHRYSOMÈLE DU CRESSON. — Phædon cochleariæ	71
CIMBEX HUMÉRAL. — Cimbex humeralis	13
CODYLA CRASSICORNIS.	115
COSSUS DU MARRONNIER. — Zeuzera æsculi.	26

10

	116
CURTONEVRA APERTA.	117
— FUNGIVORA.	107
— CRISEA.	106
— STABULANS.	129
CRIQUET ÉMIGRANT. — Achrydium migratorium.	132
— VOYAGEUR. — Achrydium peregrinum.	34
DORIA CONCINNATA.	119
DROSOPHILA TRANSVERSA	85
ECAILLE FULIGINEUSE — Arctia fuliginosa.	82
— MARTRE. — Chelonia caja	27
— POURPRÉE. — Chelonia purpurea.	73
HÉLODE DU BECCABUNGA. — Helodes violacea	109
HELOMYZA TUBERIVORA.	54
HEMITELES SIMILIS	79
HÉPIALE DU HOUBLON. — Hepialus humuli	84
HUBNERIA AFFINIS.	121
LIMOSINA GENICULATA.	52
MICROGASTER ALBIPENNIS	51
MINEUSE DES FEUILLES DE POMMIER. — Cémiostoma scitella.	101
MOUCHES DE LA TRUFFE	113
— DES CHAMPIGNONS	114
MYCETOPHILA MACULATA	120
NEMOPODA CYLINDRICA.	132
NOCTUELLE ARMIGÈRE. — Heliotis armigera	93
— CEINTURE JAUNE. — Polia flavicincta.	90
— C-NOIR. — Noctua C-nigrum	88
— DE L'ANSÉRINE. — Hadena chenopodii	134
— DU MAÏS. — Leucania zeæ.	87
— DU POIS. — Hadena pisi	91
— DU SALSIFIS. — Scotophila tragopogonis	95
— POLYODON. — Xylophasia polyodon	111
OPIUS LONGISTIGMA	123
— NITIDUS.	15
PAPILLON GAZÉ. — Pieris cratægi	99
PETITE MOUCHE BLEUE DES JARDINS. — Lonchœa vaginalis	122
PHORA RUFIPENNIS	110
— TUBERUM	66
PORIZON MODERATOR	76
PTEROMALUS TIBIALIS	48
PYRALE DE WOEBER. — Carpocapsa Wœberiana.	47
— ROSERANE. — Cochylis roserana	

Pages.

RONGEUR DE LA TRUFFE. — Anisotoma cinnamomea 59
    — DU MURIER. — Hypoborus mori 95
SAPROMYZA SUILLORUM 118
SAUTERELLE PORTE-SELLE. — Ephippiger vitium. . . . 11
SÉSIE CULICIFORME. — Sesia culiciformis 22
    — MUTILLIFORME. — Sesia mutillæformis. . . . 18
    — TIPULIFORME. — Sesia tipuliformis. . . . 20
TEIGNE A DAIS DU POIRIER. — Swammerdamia pyri . . . 49
    — A FOURREAU DU POIRIER. — Coleophora hemerobiella . . 53
THELAIRA NIGRIPES. 84
TORDEUSES DES ARBRES FRUITIERS 43
TORTRIX CERASANA 45
    — LECHEANA 45
    — RIBEANA 44
ZENILIA AUREA 33
ZYGÈNE DU PRUNIER. — Zygena pruni 23
    — MALHEUREUSE. — Aglaope infausta. . . . 25

FIN DES TABLES.

AUXERRE, IMPRIMERIE DE G. PERRIQUET, RUE DE PARIS, 31.

www.ingramcontent.com/pod-product-compliance
Lightning Source LLC
Chambersburg PA
CBHW072112090426
42739CB00012B/2937